化学教学理论与实践研究

殷黄林　著

延吉・延边大学出版社

图书在版编目（CIP）数据

化学教学理论与实践研究 / 殷黄林著. -- 延吉 : 延边大学出版社, 2024. 7. -- ISBN 978-7-230-06892-5

Ⅰ. 06

中国国家版本馆 CIP 数据核字第 2024UU2468 号

化学教学理论与实践研究

著　　者：殷黄林
责任编辑：朱秋梅
封面设计：文合文化
出版发行：延边大学出版社
社　　址：吉林省延吉市公园路 977 号
邮　　编：133002
网　　址：http://www.ydcbs.com
E-mail：ydcbs@ydcbs.com
电　　话：0433-2732435
传　　真：0433-2732434
发行电话：0433-2733056
印　　刷：三河市嵩川印刷有限公司
开　　本：787 mm×1092 mm　1/16
印　　张：11
字　　数：170 千字
版　　次：2024 年 7 月 第 1 版
印　　次：2024 年 8 月 第 1 次印刷
ISBN 978-7-230-06892-5

定　　价：68.00 元

前　言

新时代的教育变革向以化学学科核心素养为导向的化学教育教学实践提出了一系列要求和挑战。面对新课标、新教学、新教材、新评价、新高考的“五新”时代，如何深化化学教育教学改革，成为摆在化学教育研究者和实践者面前的重大课题。

本书阐述了化学课程中开展科学观念教育的重要意义和价值；梳理了化学课程中基本观念及其内涵；厘清了化学观念教育的相关概念；探讨教学方法和模式、教学设计及教学评价等；在化学教学中落实观念教育的路径及教师发展的方向。

为了使本书更好地服务于广大化学教育工作者，笔者从以下方面做了努力：

其一，内容系统、全面，体现化学教育特色。随着社会发展和新课程改革的不断深化，化学教育研究方法的理论体系不断充实。本书从化学教育研究方法的基本内涵，到质性研究方法和量化研究方法，比较系统、全面地将化学教育研究方法整体呈现出来。同时，本书除了介绍经典的化学教育研究方法外，还将视线扩展到近年来化学教育研究的实践和相关学科研究中出现的新方法上。全书共五章，每章相对独立又相互关联，突出化学教育特色。

其二，分析详尽，可操作性强。本书力求将化学教育研究方法的基本原理分析详尽，突出化学教育研究方法的实用性和操作性，使读者在分析案例的同时，不断深化理解化学教育研究方法的理论知识，在理解案例的基础上掌握实用的化学教育研究方法，并能将其运用到实践中。

本书在编写的过程中参考借鉴了一些专家学者的研究成果和资料，在此特向他们表示感谢。由于编写时间仓促、编写水平有限，难免存在不足之处，恳请广大读者提出宝贵意见，予以批评指正，以便改进。

目　录

第一章 化学教学概述

第一节 化学教学过程

化学教学过程是学生在教师有目的、有计划地指导下，积极主动地进行科学探究活动，形成化学基本观念，掌握基础知识、基本技能、探究方法，发展能力，端正态度，形成科学世界观及其个性全面发展的过程。化学教学过程是通过一系列化学教学活动完成的，属于教学活动过程的范畴，了解化学教学活动的构成要素及其相互关系是非常必要的。

一、现代化学教学系统的构成要素

化学教学是一个复杂的系统，是由学生、化学教学目的、化学课程、方法、环境、反馈和化学教师等组成要素相互作用、相互联系，并以一定的结构方式组成的具有特定功能的有机整体。化学教学过程是通过一系列化学教学活动完成的，化学教学过程就是化学教学活动过程。

化学教学活动为学生而组织，如果没有学生，就没有组织教学活动的必要与可能。学生是学习的主体，如果没有学生，就不存在教学活动，所以学生是化学教学活动的根本要素。学生这个要素主要指的是学生的身心发展水平、已有的知识技能结构、个性特点、能力倾向和学习前的准备情况等。学生自身的素质是学习的先决条件，学生自身的素质主要包括兴趣、动机、毅力等情感因素，以及原有的认知结构、学习行为习惯和思维能力等认知因素。学生是一个独立的学习主体，有自己的个性特点和学习风格，只有充分调动他们的主动性和积极性，化学教学系统才能真正地运行起来。学生的学习要求和学习效果是推动化学教学改革的重要动力，也是对教师运用教学方法的能力和水平的评价。

组织化学教学活动是为了达到一定的教学目的，化学教学目的是化学教学活动必不可少的要素之一。化学教学的根本目的是使学生的认知结构、心理结构和品德结构等发生预期的变化，这一变化应是学生发展状态的积极变化。

化学教学目的的实现需要依靠化学教学内容。化学教学内容是化学教学活动中最有实质性的要素，具体表现为化学课程方案、化学课程标准和化学教材。

化学教师依靠一系列方法，根据并运用化学教材向学生教授知识，以达到化学教学的目的。可以说，方法是化学教学活动的一个要素，它包括化学教师在课内和课外使用的各种教学方法、教学艺术、教学手段及各种化学教学组织形式。

化学教学活动是在一定的时空条件下进行的，如果说学校的建筑、化学实验室中的实验条件、多媒体设备是化学教学得以进行的硬环境，那么校园文化则是学生学习能力和人格成长的软环境。环境条件是化学教学活动必须凭借的，因此环境条件是构成化学教学活动的一个要素。教学环境深刻影响着学生的认知特点，以及学生对化学知识的价值判断和信念。

化学教学是在化学教师和学生之间完成信息传递的交互活动。这种信息交流的情况和进展，要靠反馈来表现。化学作业、测验只是学生掌握教材知识真实程度的一种反馈信息，更重要的是看化学教学过程中，学生做了什么、说了什么、想了什么、学会了什么、感受到了什么，以及教师如何创设学习情境、如何激发学生的化学学习热情与探究兴趣、如何组织学生讨论和交流、如何引导学生解决化学问题、如何评价和激励学生，等等。

在化学教学活动中，不可或缺的要素就是教师。化学教师的素质（包括思想品德素质、教育思想素养、新课程理念、科学文化素质、能力素质、身体和心理素质等）是动力要素，可以概括为职业品质和业务水平两个方面。职业品质主要是指职业道德，特别是责任感、价值取向和对学生的情感态度等。业务水平主要是指专业文化水平和教育教学能力，前者是指教师知识结构状况、各种知识储存量、专业知识深度与广度；后者是指教师全面掌握和运用教材的能力、组织管理能力、语言表达能力、对学生的认识和因材施教的能力、对教学效果预测的能力等。教师在整个教学系统中处于主导者和主控者的关键地位。研究化学教学系统各构成要素的结合形式及其整体的特定功能，有助于从各要素的相互联系和作用中发现系统的规律性，从而更好地指导化学教学。

二、化学教学活动的特征

化学教学活动是化学系统运行过程中，施教主体（教师）和学习主体（学生）分别作用于其他要素，以及两主体双向互动所采取的有意识行为的总称。化学教学活动具有以下基本特点：

（一）以化学实验为基础

以化学实验为基础是化学教学最突出的特征。化学实验是化学科学研究的重要方法，也是化学教学的有力手段。化学教学过程中的感知、理解、巩固和应用知识、形成能力等几个基本阶段，都与化学实验密切相关。通过化学实验，学生可以获得必要的感性认识，掌握化学的基础知识，以及实验的基本方法和基本技能。化学实验可以培养学生独立准备和实验操作的能力，以及独立解决化学问题的能力，还能培养学生理论联系实际的学风，养成实事求是、严肃认真的科学态度。实践证明，化学教学离开了化学实验，“教”与“学”就失去了活力与魅力。加强实验教学是突出化学学科特点、保证完成化学教学任务的重要手段之一。在化学实验教学过程中，可以从以下几个方面体现化学教学的这一特点：

第一，让学生亲自做实验，观察各种实验现象，并通过实验，探索规律。

第二，结合实验事实和实验过程，让学生认识化学概念和理论是怎样形成的。

第三，结合实验过程和典型的化学史实，让学生了解化学科学的发展进程。

第四，让学生根据化学实验成果，运用已学知识去解决问题，培养和提高学生在科学态度、科学方法，以及分析和解决问题等方面的能力。

（二）以化学用语为工具

化学用语是化学学科的专用语言，是学生学习化学知识、研究并交流化学科学技术的专用工具，是人们理解物质化学变化的最贴切、最丰富的符号体系。如原子、分子、离子要用元素符号来表明，物质的化学变化要用化学方程式或离子方程式来表达，化学计算也要依据化学用语，等等。化学学习的各个领域都要用到化学用语，学生要想学好化学，就必须熟练掌握化学用语。加强化学用语的教学，引导学生明确其化学意义，是提高化学教学质量的重要途径之一。

三、化学教学过程的本质

化学教学过程是一个多层次、多方面、多形式和多矛盾的复杂过程，从具有指导化学教学全过程的意义上来说，可以从两个层面把握其本质。

（一）化学教学过程是教师指导下的特殊的认识过程

化学教学过程，有赖于化学教师的“教”和学生的“学”的统一认识活动过程的建构，它既要遵循人类科学认识的一般过程和规律，又不完全等同于人类一般的科学认识活动，它是一种特殊的认识过程。化学教学过程的特殊性主要表现在如下几个方面：

第一，间接性。

化学教学过程是运用间接的方式，学习和掌握前人总结的经验。

第二，组织性。

化学教学过程的认识活动是在教师的启发、引导和组织下完成的。

第三，简洁性。

化学教学过程不是简单地重复前人发现某一知识的全部过程，而是走一条认识的捷径，这是一个经过专门设计的、简化的认识过程。

第四，序列性。

人类认识过程往往表现出一定的跳跃性和曲折性，而化学教学过程中的教学体系是以化学学科知识的逻辑顺序、学生的认识顺序和学生心理发展顺序巧妙构建的，具有较强的序列性。

（二）化学教学过程是促进学生全面发展的过程

人的全面发展从心理学角度来说，是指人的身体（生理）和心理的和谐统一发展。学生通过学习活动，在学习科学文化知识，认识客观世界，形成主观世界的过程中，他们的体力、智力、情感、意志和思想品德都得到了发展。同时，在教师的“教”与学生的“学”的过程中，不仅教师和学生之间固有的相互作用得到平衡和发展，而且学生与学生之间也围绕某些内容发表各自的意见，相互交流，相互启发，相互促进。这个过程不仅可以取长补短，使学生之间的差异资源得到有效利用，还可以训练学生与同伴交流、合作、协商及共同发展，实现和谐社会对人才培养的要求。

由以上可以看出，化学教学过程就其本质而言，是教师把人类已知的科学真理转化为学生正确而深刻的认识，同时引导学生把学到的化学知识转化为能力的一种特殊形式的认识过程。它与科学认识过程的相同点在于二者都是智力活动，都要实现认识上的“两次飞跃”和“两个转化”。“两次飞跃”即从感性认识到理性认识的飞跃、从理性认识到实践的飞跃；学生通过教学活动完成“两个转化”，即知识转化为真知、真知转化为能力，形成科学的世界观。

第二节 化学教学规律

所谓规律，就是指事物发展过程中内在的、必然的、本质的联系。至于化学教学过程中的教学规律是什么，目前的说法较多，可以概括出以下五条基本规律：

一、化学教学中学生的认识规律

（一）化学教学过程中学生的认识特点

马克思主义关于人类认识过程的一般规律是人类各种具体认识活动的总概括。学生在化学教学过程中的认识活动，遵循着由感性认识到理性认识的飞跃，再由理性认识到实践的飞跃。但教学活动毕竟是一种不同于其他一般认识活动的教学认识过程。与其他一般认识过程相比，化学教学过程中学生的认识过程具有以下几个方面的特点：

1.认识的间接性

学生在化学教学过程中所要完成的认识任务主要不是探求新的真理或寻求新的发现，而是学习和继承前人已有的认识成果，是间接认识和理论认识。

2.认识的受控性

由于在整个化学教学活动的过程中，无论是化学基础知识、基本理论的教学，还是化学实验的教学，都是在教师的组织和引导下进行的，是根据教学计划、教学目标和具体的教学任务来确定的，这说明学生的认识有明确的指向性和受控性。

3.认识的教育性

教育性是教学过程中的客观必然性。在化学教学过程中，学生获得一定知识和能力的同时，教师需要对学生进行爱国主义、集体主义、社会主义和世界观、人生观、价值观，以及科学精神、科学方法、科学态度等方面的教育，使学生形成相应的对自然、对社会、对人类自身的立场、观点和态度，这对学生的人生观、价值观会产生深刻影响。

4.认识的化学特殊性

因为化学是一门以实验为基础的自然科学，主要研究物质的组成、结构、性质及其变化规律，这就使得学生在化学学习过程中，对化学知识的认识必然符合自然科学的认识论和方法论，即认识的化学特殊性。

（二）化学教学过程中学生的认识规律

上述关于化学教学过程中学生认识的特点，决定了学生的认识过程不同于其他一般的认识过程。从本质上看，学生在化学教学过程中所要认识的对象，是教材中记载的经过人类长期反复实践，认识和积累下来的化学知识；从化学学科的特殊性来看，学生在化学教学过程中对化学知识的认识，应遵循自然科学的认识规律。正是这样的特点，制约和决定了学生在化学教学过程中的认识规律，如图 1-1 所示。

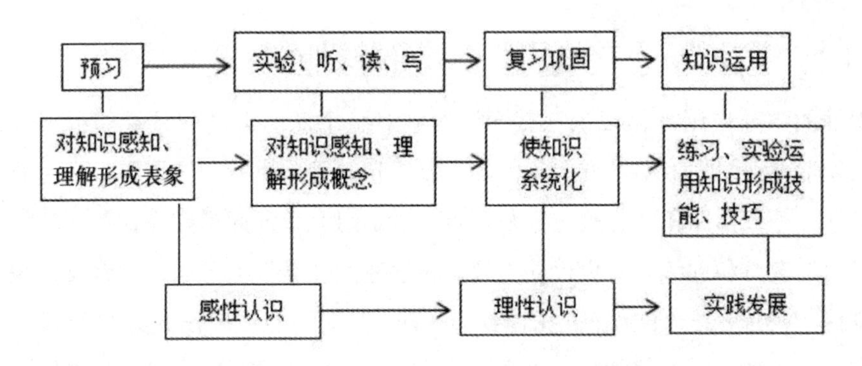

图 1-1 化学教学过程中学生的认识规律

由图1-1可知，化学教学过程中，学生的认识规律及过程具有有序性和整体性，各阶段间是相互独立而又相互依存、密切联系和相互渗透的。只有经历这些阶段的转换，学生才能完成自己的认识任务。这就是在化学教学过程中，学生相对完整地独立认识过程的规律性。

二、教师的主导作用与学生的主体地位相结合的规律

在化学教学活动中，教师的“教”和学生的“学”是一对既相互独立，又密切联系、相互促进、相互转化的矛盾主题。教师的“教”和学生的“学”的矛盾是教学基本矛盾的集中反映，矛盾的主要方面在于教学和教师，矛盾的解决形式是“教”向“学”的转化，即把教师所掌握的知识转化为学生掌握的知识。这就是说，在化学教学过程中，教师是处于主导者的地位，起主导作用；学生是处于主体地位，起主体作用。

如何把教师的主导作用和学生的主体地位有机地结合起来，是充分调动和发挥师生双方积极性的关键，也是做好教学工作的关键问题。要正确地认识和处理好这一对矛盾的关系，就要在教学过程中正确地理解和解决好以下几个方面的问题：

（一）教师的主导作用具有客观必然性和必要性

教师的主导作用，体现为在教学过程中对整个教学活动起领导和组织作用。在教学过程中，教学的方向和内容、方法和进程、质量和结果等，都由教师按教学计划、目标和任务来决定和负责。这是因为教师闻道在先，并且教师受过专门的教育和训练，对自己的“教”和学生的“学”的方向、内容及方法等已掌握；学生是受教育者，处在青少年时期，对知识的掌握较少，经验欠缺，还不完全具备独立学习的能力。在这种情况下，只有教师正确地启发与引导学生，学生才能克服学习中的种种困难，沿着正确的方向前进。

（二）“教”为“学”而存在、为“学”而服务

在教学过程中，学生是学习的主体，教师组织的一切教学活动都必须由学生来落实，教学效果、教学质量也要体现在学生的认识转化及行为变化上。这就是说，学生是教学过程中的主体，教师的“教”是为学生的“学”而“教”、是为学生的“学”而服务的，离开了主体的“学”，也就无从谈“教”。

（三）教师主导和学生主体是辩证统一的

在教学过程中，学生的“学”是在教师的“教”之下的“学”，教师的“教”是为学生的“学”而“教”，教师的“教”和学生的“学”是相互联系的，但又是不能相互取代的。教师既要对主体的“学”发挥主导作用，又要承认学生的主体地位，使教师主导与学生主体有机地结合起来。

三、传授化学知识与发展智能相统一的规律

所谓的传授化学知识与发展学生智能相统一的规律，是指教师在化学教学过程中，在传授化学知识与技能的同时，应有计划、有意识地促进学生智能的发展，而学生的智能发展又会反作用于他们对知识与技能的学习、理解和掌握。

智能包括智力和能力。智力是个体在认识过程中的认识能力的总称，其结构是以思维能力为核心，是包括观察力、注意力、想象力和记忆力等智力因素的有机结合。能力可分为一般能力和特殊能力两类，一般能力是顺利完成各种活动所必备的基本能力的综合，特殊能力是顺利完成某种特殊活动所必备的能力的综合。能力又包括智力，智力属于能力的范畴，智力是内隐的，而能力是外显的。智力和能力是相互联系、相辅相成的。

在化学教学中，教师传授化学知识与技能要与发展学生的智能相统一，主要是基于以下三个方面的原因：

（一）知识和智能是两个本质不同的概念

从心理学的观点来看，知识是头脑中的经验系统，而智能是顺利完成某种活动有关的心理特征。人们为了保证某种活动的顺利完成，必须对头脑中的经验系统（知识）进行加工（比较、分析、综合、抽象和概括等），在这个加工过程中表现出来的针对性、广阔性、深刻性、敏捷性和灵活性等心理特征的综合才是智力。可见，智能与知识之间虽然关系密切，但知识不是智能。

（二）知识与智能的发展规律不同

人们对知识的掌握是由少到多、由简单到复杂，并且一般是随着年龄和经验的增长而逐渐增多的。智力的发展则跟人们神经系统的发育、成熟和衰退有关，它受人的年龄的制约，有一定的限度，并随着神经系统的衰退而衰退或停滞。

（三）知识和智能是密切相关的

虽然知识、技能、智力、能力的概念不同，发展规律也不相同，但它们之间却是密切相关、相互影响、相互促进的。事实上，人的智力和能力的发展，总是要以掌握一定的知识和技能为中介的，而知识和技能的学习，是智力和能力发展的凭借和基础，知识和技能的掌握有利于促进智力和能力的发展。离开了知识和技能的掌握，发展智力和能力就无从谈起。反过来，掌握知识和技能，又必须依靠智力和能力的发展。智力和能力同样也是掌握知识和技能的重要条件，智力和能力的发展水平直接影响着掌握知识和技能的深度、广度和速度。

四、化学教学的教育性规律

任何学科的教学都具有教育性，教学是完成教育的一种手段和途径（但不是唯一的手段和途径），教书必然育人，它是教学过程中客观存在的一条重要规律。对于化学教学的教育性，可从以下几个方面来理解：

（一）教育必然受到经济基础的制约和决定

马克思主义认为，在阶级社会中，统治阶级的思想必然是占统治地位的思想。掌握政权的阶级，必然掌握着生产资料的所有权，从而也掌握着教育的领导权，必然要按照本阶级的利益制定教育目的、教学目标及教学内容，并按本阶级的世界观改造教育，也就是说，教育必然受到经济基础的制约和决定。因此，统治阶级的政治、哲学、世界观及道德观念等必然会给教学带来重大的影响。

（二）教学活动是人类的一种特殊的认识活动

在教学活动的认识过程中，学生绝不是机械地反映客观世界，而是带有一定的主观能动性。也就是说，学生必然是从自己的立场、思想观点和认识方法出发，用自己的意识情感和各种心理活动参与其中。而教学活动认识过程的完成和结果，反过来又对认识者的观点、立场、认识方法和思想情感有着积极的影响。

（三）教师的言行举止等是教学过程中最重要的教育因素

由于青少年学生具有很强的模仿性、易感性和可塑性，所以教师的言行举止会对学生产生潜移默化的影响。所谓身教胜于言传，其道理就在这里。

综上所述，化学教学过程与其他各科的教学过程一样，在客观上永远具有教育性。化学教学是实现教育目的的途径之一。化学教学的教育性是通过知识的传授和学习体现出来的，知识的传授和学习与教育是相互联系、相互影响的。这就要求教师在化学教学过程中，注意结合化学知识和技巧的传授，寓教育于智育之中，不可将两者割裂开来。

五、化学知识教学应与化学实验同步的规律

化学是一门以实验为基础的自然科学。从化学教学的特征来看，要使学生

系统地学习化学知识和较好地掌握其有关的基本技能和技巧，了解和掌握自然科学的认识论和方法论，就需要教师在化学教学中，将化学基础知识的传授与化学实验同步起来，这一规律是化学教学过程中特殊的、重要的规律。

第三节 化学教学原则

一、制定化学教学原则的意义

理论之所以重要，全在于应用。成熟的教学理论不但要有其特有的教学本质、核心概念和原理体系，还要把教学主张用教学原则的形式简明地表达出来。理论的核心概念经常会在教学原则中予以强调，教学原则也经常是他人了解该理论的窗口。教学原则以条理化的简明的方式，勾勒出理想教学的大致框架，为教师打开了一条便利的通道。

制定化学教学原则的意义在于为化学教学活动提供科学的指导和规范，以确保教学工作高质、高效地开展。这些原则是在长期的教学实践中总结出来的，体现了对教学规律和教育理念的深刻理解。

二、化学教学应遵循的原则

（一）教学目的全面、准确的原则

学校教学活动是一种特殊的认识活动，不可能“无为而动”。化学教学目的是根据国家教育目的和学校培养目标制定的化学学科教学目的、阶段性的化学教学目的、单元教学目标、课时教学目标的总称，体现了办学主体对化学教

学功能的认识和对化学教学价值的自觉追求。主张教学目的全面、准确的原则，要求化学教学不能只限于知识与技能的授受，而要在认知、技能、情感三大领域内寻求学生和谐发展的立足点。

坚持教学目的全面、准确原则，一是要厘清国家教育目的、学校培养目标、化学学科教学目的、阶段性教学目的、单元教学目标，以及课时教学目标这个自上而下的目标层次系统内的依存关系，并对各层次的目的予以准确定位，概括到具体的目标系统。二是要在课时教学目标分类和标准确定上做到准确，特别是要清楚内部心理过程与外显行为的必然联系。认知目标和技能目标要用可观察、可测量的行为动词表述。情感目标的达成应建立一套从接受、欣赏，到行为更为清晰的观察和测量的标准及方法，以便教师清楚目标是否达成，在什么程度上达成，如何改进教学方法而使目标更好地达成，甚至合理地修订目标。三是智能和肢体操作技能的达成，要有可靠的教学方法作为保证。教师选择合适的教材内容，向学生传授比较、分类、归纳、演绎、分析和综合等智力操作的技术是远远不够的，关键是要多给学生提供练习的机会。比较、分类、归纳的方法是化学学习中最常使用的，教师在教授新课时要有意强化学生的训练。学生在解决问题中，普遍使用演绎、分析、综合的方法，这些方法更多地要靠学生的领悟，但教师的示范和提示也十分重要。肢体操作技能主要是化学实验基本操作技能，从单一的操作（如固体、液体药品的取用，滴管的使用，加热的方法等）到综合的基本操作（如混合物的分离，成套仪器的设计、安装、拆卸等），都需要教师示范与学生练习相结合。要想养成智能和肢体操作技能这两类技能，需要教师在全面分析教材内容的基础上，制订明确可行的目标，从而寻找可靠的方法来达成目标。

总之，坚持教学目标的全面准确原则，不仅要关注认知目标的达成，还要关注技能和情感领域目标的实现，这样的教学才能真正成为培养“人”的活动。

（二）稳定性和灵活多样性相结合的原则

当人类意识到自己的存在其实是一种文化存在，有必要把人的自觉具体转化为文化的自觉时，学校教育应运而生。学校教育是以有固定的场所、相对稳定的教学人员、确定的教学内容为标志的。在学校教育诞生后的漫长历史时期内，教学内容和相应的教学方法的更新是相当缓慢的，维持社会的基本秩序是教学的基本目的，教学内容的选择是以此目的为依据的，教学方法以死记硬背为主。欧洲文艺复兴促进了自然科学的发展，自然科学纳入课程体系成为必然要求，扬·阿姆斯·夸美纽斯（Johann Amos Comenius，简称“夸美纽斯”）为此还提出了“直观性原则”。多年来，出现了基于不同哲学观的多种课程与教学模式的解读，通过分析可得出以下结论：

第一，社会生活的日新月异、科学知识的积累和纵深发展是文化之源，学校课程仅是文化之流，学校教学内容要与社会科学文化知识相适应，从较长的时段看，课程内容的吐故纳新应是常事。

第二，社会生活变动不居，科学发展越来越快，所以学校课程内容和教学过程应在较短的时期内保持相对稳定的总量和结构，否则将导致出现顾此失彼、厚此薄彼或无所适从的局面。

第三，由于受遗传、环境和教育经历的影响，学生个体学习知识技能的方式和能力千差万别，采用多样化的教学组织形式和教学方法十分必要。

第四，学习是学生主要的生活方式，单调、沉闷、僵化和古板的教学方式有悖于生活本质的特点，所以教学方式应以提高学生的学习兴趣为主。

第五，学生在获得系统知识的同时，应发展自主学习能力、科学探索的兴趣，实事求是的科学态度，这是化学学科教学的目标指向。多样化的教学方法和教学组织形式，是多元立体的教学目的观的内在要求。

学校教育的特殊性体现在学校教育有教师指导，以传授间接知识为主。化学教学要因材施教，采用灵活、多样、趣味的教学事件安排教学内容，根据学情对具体的教学内容进行取舍，满足各类学生的需要。将单一模式或固定的程式运用于所有教学内容、所有学生的做法是荒诞的、不可取的。

（三）科学性与思想性统一的原则

化学教学中的科学性，主要指向学生传授的化学教学内容必须符合现代科学水平，反映客观事实，是正确、可靠的真理性知识技能和技巧。思想性主要是指在化学教学中，坚持贯彻使学生德、智、体、美、劳全面发展，保证学校教育“双重”任务的教学方向。

坚持科学性与思想性统一的原则，有利于学生全面理解教育目的的精神实质，有利于教师处理好化学知识、技能的传授和思想教育在教学中的地位关系，对教书育人有着积极的促进作用。

（四）理论联系实际的原则

理论联系实际是马克思主义的基本原则，是人类认识规律的反映，更是化学教学过程中学生的认识特点所决定的。

理论联系实际是化学教学非常重要的原则之一。在化学教学过程中，教师要十分注意联系实际，要注意防止理论脱离实际和只强调实用而忽视理论这两种偏向，以便学生更好地掌握所学的知识和技能，以及这些知识和技能在生产和日常生活中的应用。

在化学教学过程中，认真贯彻理论联系实际的原则，有利于促进学生对化学知识的掌握和运用，培养学生的智能；有利于激发学生的学习兴趣，提高学习效率；有利于把学校教学同社会实践联系起来，加强对学生的思想教育。

（五）系统性和循序渐进相结合的原则

系统性是指教学活动要有序地进行，要把教学过程当作一个系统工程来对待，其进程要持续连贯。化学教学的系统性主要应以化学知识的逻辑体系为依据，保证化学知识系统的主导地位，同时应注意学生掌握知识和智能发展的顺序。

循序渐进主要是在教学过程中，教学方法要符合学生认识和智力发展的顺序，由低到高、由近及远、由易到难、由简单到复杂，逐步实现由“不知”到

“知”的转化，达到让学生全面系统地掌握知识的目的。

系统性和循序渐进相结合的原则是指在化学教学中，一方面要注意教学内容的安排应符合化学知识的逻辑体系，注意其整体性和系统性；另一方面要注意学生掌握知识和智能发展的顺序，并把两个方面有机地结合起来，融会贯通，应用到整个教学过程中。

（六）直观性和抽象性相统一的原则

直观性和抽象性相统一的原则是依据学生的认识规律提出来的，它要求学生利用多种感官，通过各种途径和形式，直接感知教材，增强直接经验，获得生动的表象，并在此基础上进行分析、综合、抽象和概括，形成科学的概念，把生动的直观和抽象的思维结合起来，掌握知识的本质。

在化学教学中，教学内容为在原子、分子水平上，研究物质的组成、结构、性质、转化及其应用的能量关系。这就要求在教学过程中，教师不仅要合理运用语言直观教学手段，还应加强实物直观教学手段（如实验、实习、见习参观等）和模象直观教学手段（如模型、图表、幻灯片等）的应用，把微观的东西和抽象的概念直观化、具体化。只有把生动的直观和抽象的思维结合起来，才有利于学生形成清晰的表象，从而进一步形成科学的概念，并较深刻地掌握化学知识，促进其智能的发展。

（七）统一要求和因材施教相结合的原则

统一要求是指在教学过程中，要根据教学计划、教学目标和教学任务，对教学活动的进展和学生知识的掌握有统一的要求。统一要求面向的是全体学生。因材施教则是指根据学生的个性特点进行教学，因材施教与西方教育家系统论述的“量力性原则”的基本精神是一致的。

在化学教学过程中，认真贯彻统一要求和因材施教相结合的原则，对提高教学质量有着积极的意义。统一要求是这一原则的前提，是面向全体学生的；因材施教是中心，只有在统一要求的前提下认真做好因材施教，才有可能做到全面培养优秀人才。

除了上述教学原则外，不少教育工作者还总结提出了其他一些教学原则。如主导作用与主体地位相结合的原则、知识的传授与巩固相结合的原则等，在这里不再一一赘述。

上述教学原则都是相互联系、相互促进、相互制约的，它们在教学过程中往往同时发挥作用。这就要求教师在教学过程中不能静止地、孤立地、教条式地对待这些教学原则，而应根据教学过程的客观规律，正确地掌握教学原则，才能有效地提高教学质量。

第四节 化学教学理论基础

化学教学过程是特殊的认识过程，其特殊性在于它是学生对化学学科知识的认识过程，它具有间接性、引导性和教育性。因此，辩证唯物主义认识论及自然科学方法论、一般教学理论和学习理论是指导化学教学的基础理论。

一、辩证唯物主义认识论及自然科学方法论

（一）辩证唯物主义认识论

辩证唯物主义认识论认为，认识是主体对客体的能动反映。这种能动作用表现为认识运动过程的“两次飞跃”。辩证唯物主义认识论把教学当作自有其客观规律的过程来研究。教学就其本质而言，是学生通过教学活动完成“两个转化”。

教学是由教师领导身心发展尚未成熟的学生，主要通过学习知识去间接认识世界、发展自身。由教师采用让不同年龄的学生能够接受的形式来引导他们

认识世界，并且使他们学会成年人已经认识的东西，包括认识的结果和认识的方法，同时教师把发展他们的认识能力作为专门的任务和工作。化学教学过程，从本质上讲，是一种认识过程。从根本上说，它是受认识规律制约的。辩证唯物主义认识论及据此发展形成的教学认识论揭示了认识过程的一般规律，为人们理解教学过程提供了理论基础。

（二）自然科学方法论

辩证唯物主义认识论是通过自然科学方法论来具体实现它对自然科学的指导作用的。对于自然科学的教学来说，要做到引导学生实现认识上的“两次飞跃”和学习上的“两个转化”，关键因素在于正确运用自然科学方法论。自然科学方法论是从认识方法层面连接哲学和自然科学的一座桥梁。自然科学方法论持有者认为，科学的认识过程和相应的科学方法应该是按照由浅入深、由低级到高级的辩证过程发展和运用的。根据辩证唯物主义认识论，可总结出科学认识过程的一般程序。

现代科学技术下的教育改革非常重视学生学习方式的转变，尤其鼓励学生在自然科学的学习过程中，更多地参与科学探究活动，强调在探究学习活动中培养科学探究能力，这就使学生能力的培养、知识技能的获得、方法策略的掌握、情感态度与价值观的形成有机地统一起来。

就认识过程来看，科学探究原指科学家们研究自然界的科学规律时，所进行的科学研究活动，在这里是指将科学家们的探究方式引入学生的化学学习活动中，让学生以类似科学探究的方式学习。学生在展开探究性学习时，将运用观察、实验条件控制、测定、数据处理、分类等具体方法，并在此基础上进行一定的比较、归纳，形成初步的结论；结论不一定符合预期，从而产生了新问题。在无法运用已有知识给出确切解释时，学生便产生了解决问题的欲望。为解决问题，学生将运用回忆、比较、推理等方法，根据模糊的感性认识，甚至可能是错误的认识，提出一定的假设，进而再次展开探究活动，进行相应的验证。其结果可能符合假设，也可能不符合，若不符合，又将重新提出假设设计实验以及验证。这样的过程并不是简单的累积或循环，从认识层面上讲，学生的认识是在不断发展的、进步的，其中包含着一个由浅入深、由模糊到清晰、由假设到验证、由错误到正确的过程。其实这就是一个从感性到理性、从理性到实践，并不断螺旋上升的过程。

科学探究活动的基本环节和步骤可概括为发现问题、提出假设、验证假设、形成结论、交流质疑，科学探究活动的发展循环往复，呈螺旋上升状。不难发现，科学探究活动的认识过程体现了自然科学方法论的观点。

化学教学过程是一种特殊的认识过程，因此教师必须运用自然科学方法论，遵循认识规律，结合学科特征和教学特征，具体解决教学实际中的各种问题。这样就可以既体现辩证唯物主义认识论对教学过程的指导作用，又避免将教学认识论等同于哲学认识论的简单化倾向。具体来说，就是化学教学总是从引导学生认识具体的物质和现象、运用已经获得的知识开始，从已知到未知，从感性认识到理性认识，进而通过实践（主要是学习实践）活动去运用化学知识，发展认识能力。例如，让学生通过观察、实验、记录和处理实验数据，运用科学抽象的理性方法及运用比较分类、分析和综合、推理和判断等逻辑思维方法探究化学知识。在教学形式上，要创造条件让学生亲自动脑、动口和动手，让他们调动感觉器官，进行思维加工，以实现教学过程中的“两次飞跃”和“两个转化”。

二、教学理论

教学理论是依据教育学和心理学等原理，探索教学现象较深层次的普遍规律，并为解决具体教学问题提供指导的理论。化学教学理论是建立在一般教学理论之上的。历史上，特别是近现代形成了不少教学理论，它们对化学教学理论有着深刻的影响，也是指导化学教学的基础理论。

（一）赫尔巴特的“四阶段教学”理论

约翰•菲尔特力赫•赫尔巴特（Johann Friedrich Herbart，以下简称“赫尔巴特”），德国著名教育学家，科学教育学的奠基人。他深受瑞士教育家约翰•亨里希•裴斯泰洛齐（Johann Heinrich Pestalozzi，简称“裴斯泰洛齐”）的教学心理化的影响，在教育史上第一次建立了以心理学为基础的教学理论。他非常重视“兴趣”在教学过程中的作用，并认为教学的最终目的是提高人的道德品质。他提出了教学形式阶段的理论，把教学过程分为以下四个阶段：

第一阶段：明了。

教师运用直观教具，通过讲解的方法，给予学生明确的提示，并帮助学生在学习过程中集中“注意”。

第二阶段：联想。

教师采用分析教学，让学生把新知识和旧知识联系起来。学生在心理上“期待”教师给予提示。

第三阶段：系统。

学生应在教师的指导下，把新旧知识系统化，并在新旧观念联合的基础上做出概括和总结，学生在逐步“探索”中完成任务。

第四阶段：方法。

教师要求学生把所学知识用于实际。学生的心理特征是“行动”。

赫尔巴特的“四阶段教学”理论后来被他的学生修改为预备、提示、联系、总结和应用的“五段教学法”。

（二）杜威的实用主义教学论

约翰•杜威（John Dewey，以下简称“杜威”），美国著名教育家，实用主义的集大成者，机能主义心理学和现代教育学的创始人之一。他批判了传统的学校教育，在教学内容上，主张以儿童的亲身经验代替书本知识；在教学组织形式上，反对传统的课堂教学，认为班级授课制是消极地对待儿童，机械地使儿童集合在一起；在师生关系中，反对以教师为中心，主张以儿童为中心，提倡“儿童中心论”。

杜威就教育本质，提出了“教育即生活”“学校即社会”的教育主张。他认为教学应按照学生的思维过程进行，并提出了“教学五步”，把教学过程分为以下五个阶段：

第一，教师要给儿童准备一个真实的经验的情境。

第二，儿童须在这个情境中产生疑难问题，并以此作为思维的刺激物。

第三，儿童从资料和观察中产生对解决疑难问题的思考和假设。

第四，儿童负责一步一步地展开他所设想的解决疑难问题的方法。

第五，儿童通过应用检验他的方法是否有效。

（三）凯洛夫的新传统教学论

伊凡•安德烈耶维奇•凯洛夫（Ivan Andreevich Kairov，简称“凯洛夫”），苏联著名教育家。他认为教学过程是一个特殊的认识过程，可分为感知、理解、巩固、运用四个教学阶段；课堂教学是教学工作的基本组织形式；教师在教学过程中要考虑学生的年龄特点，把最基本的知识传授给学生，同时要发展学生的某些能力；教学方法由教学任务和教学内容来决定，但教学方法不是唯一的，而是多种多样的。

（四）赞可夫的发展性教学理论

列 • 符 • 赞可夫（Lev Davidovich Zankov，简称“赞可夫”），苏联教育学家、心理学家。他以“教学与发展”为课题进行了长达 20 年的研究，提出了学生的“一般发展”的思想。他认为的“一般发展”，指的是由各门学科引起的共同一致的发展，是学生身体和心理的全面发展。他还以此为指导思想，提出实验教学论体系的原则。该原则具体包括以下几方面的内容：

第一，以高难度进行教学的原则。教材要有一定的难度，并不是无限度的难，要引起学生的思考，促进学生特殊的心理活动过程的发展。“难度的分寸”要限于“最近发展区”，但不能降低到“现有发展水平”。

第二，以高速度进行教学的原则。学生要对教材有多方面的理解，提高学习知识的质量。

第三，理论知识起主导作用的原则。教学要教给学生规律性知识，使其举一反三。

第四，使学生理解学习过程的原则。让学生学会学习，逐步成为学习的主体。

第五，使全体学生都得到发展的原则。

（五）布鲁姆的掌握学习教学理论

本杰明•布鲁姆（Benjamin Bloom，以下简称“布鲁姆”），美国教育家。他的“为掌握而学，为掌握而教”“只要提供适当的学习条件，世界上任何一个人能学会的东西，几乎所有的人都能学会”等观点具有世界性的影响。布鲁姆的“掌握学习”基于这样的一种设想：如果教学是系统而切合实际的、如果学生面临学习困难的时候能得到帮助、如果学生学习时具有足够的实践达到掌握的程度、如果能规定出明确的掌握标准，那么绝大多数学生的学习能力可以达到很高的水平。布鲁姆的“掌握学习”在实施上分为两个阶段：准备阶段和操作阶段。

布鲁姆还认为，在学校教育中，评价占有十分重要的地位。但是传统评价的目的实际上是给学生分等分类，对改进教学工作和实现教育目标所起的作用很小，而且会对学生的人格和性格发展产生不利的影响。因此，教师应该发展每个学生的能力，使用以改进教学工作为中心的教育评价。根据“掌握学习”的教学模式和步骤，布鲁姆把教育评价分为诊断性评价、形成性评价、总结性评价三类。

（六）苏霍姆林斯基“活的教育学”思想

瓦西里·亚历山德罗维奇·苏霍姆林斯基（Vasily Aleksandrovich SuKhomlinsky，简称“苏霍姆林斯基”），苏联教育实践家和教育理论家。他特别重视培养学生的个性，要求把每个学生培养成个性全面和谐发展的人；他提倡对学生进行道德教育，让学生有“同情心”“责任心”，他认为，一个人从社会得到了什么，以及给予了社会什么，这两者之间保持一种严格的和谐；他也很重视智育，认为智育具有双重任务，即掌握知识，发展智力，他明确指出，知识既是目的，又是手段；他把劳动教育看成学校教育的一个重要组成部分，认为劳动是“一般发展”和“个性全面发展”不可缺少的途径。

（七）瓦根舍因、克拉夫基的范例教学论

瓦根舍因（Martin Wagenschein），德国教育心理学家；克拉夫基（Wolfgang Klafki），德国教育学家。所谓范例教学，是指通过一些典型的问题和例子使学生独立地学习。其主要内容包括以下几个方面：

第一，三个特性，即“基本性”、“基础性”和“范例性”。

第二，四个统一，即“教书和育人的统一”“问题解决与系统学习的统一”“掌握知识与培养能力的统一”“主体与客体的统一”。

第三，五个分析，即“基本原理的分析”“智力作用的分析”“未来意义的分析”“内容结构的分析”“内容特点的分析”。

第四，四个阶段，即范例地阐明“个”——用典型的事例阐明事物的本质特征；范例地阐明“类”——通过归纳分析掌握事物的普遍特征；范例地掌握“规律”；范例地获得有关世界的（以及生活）的“经验”。

教学论是研究教学一般规律的科学。以上这些经典的教学理论，虽然学术主张不同，关注重点各异，但其研究对象都是教学。这些理论探讨了教学的过程与本质、教学目的与任务、教学原则与方法、教学管理与评价、教师与学生等一系列问题，提出了各自的主张，为化学教学理论研究与建构奠定了基础。

三、学习理论

化学教学是特殊的认识过程，也是学生的学习过程。古今中外不少的教育家、心理学家深入地研究学习，提出了许多颇有价值的思想和理论。

（一）中国传统的学习理论

早在春秋战国时期，孔子已明确将学习作为人性修养活动进行讨论了；孟子承认学习个体之间的差异，认为教师应该因材施教。朱熹把《中庸》的五段论与孔子的“学而时习之”“温故而知新”的观点相结合，提出博学、审问、慎思、明辨、时习、笃行的六段式学习过程模式。这种学习过程模式基本上成为中国传统学习的经典模式。传统教育家还强调非智力因素在学习过程中的作用，并把“志”作为学习的前提条件。

我国古代学者认为，学习过程可以划分为立志、博学、审问、慎思、明辨、时习、笃行七个阶段。立志，是指树立学习志向，即形成学习动机。博学，是指多闻、多见，即广泛获取感性知识和书本知识。审问，是指探究学习中发现的问题，即强调在多闻、多见过程中，善于多疑、多问。慎思，是指深入、严谨地思考，即对感性知识和书本知识做出理性层面上的深入加工。明辨，是指通过思维活动确切分清所学知识的真假、善恶、美丑、是非，即在学习活动中掌握确切的知识。时习，是指对所学知识的练习、复习和实习，即巩固所学的知识。笃行，是指将所学知识付诸实践，即应用所学知识于实际，落实于行动。可以说，这七个阶段较为全面、系统地概括了学习活动的完整过程。

当然，我国传统的学习理论也有不足之处。例如，以伦理为中心的人文知识构成学习的主要内容，遏制了人们对自然科学的学习；受继承观念的支配，人们的创造性被限制；受实践理性的思维方式的制约，学习过程属于经验描述，理论的抽象思辨不够，影响了理论发展；强调教师权威，“师道尊严”的思想对我国的教育产生了深远的影响。

（二）联结学习理论

爱德华•李•桑代克（Edward Lee Thorndike，简称“桑代克”），美国著名的教育心理学家，联结主义理论的创始人，他的学习理论是第一个系统的教育心理学理论。桑代克首创动物心理实验，最著名的是饿猫逃出迷笼实验。将饥饿的猫禁闭于笼子内，笼子里面有一个能打开门的脚踏板，笼子外面有鱼或肉，当饿猫踩到脚踏板，即可逃出笼子，并得到笼子外面的食物。开始时，饿猫只是无目的地乱咬、乱撞，后来偶然碰上脚踏板，打开笼子门，逃出笼子，得到食物。如此重复多次，最后饿猫一进入笼子就能打开笼子门。桑代克据此认为，学习的实质是刺激与反应之间的联结。他明确指出“学习即联结，心即是一个人的联结系统”。他把动物这种尝试错误、偶然成功的行为叫作学习，同时，他还认为学习的过程是经过多次尝试不断减少错误的过程，后人把这种理论称为试误理论。

桑代克提出的学习理论有点简单，不能完整地说明学习的根本规律，不过也有部分真理性，即使现在来看，其中一些学习规律对学习活动仍具有指导意义。

第二章 化学教学设计

第一节 化学教学目标设计

一、化学教学目标概述

（一）化学教学目标的概念及功能

1.化学教学目标的概念

化学教学目标是学生通过化学教学活动获得的预期学习结果，是化学新课程目标在化学教学中的具体化。在化学教学系统设计中，化学教学目标的设计居于化学教学设计的基础地位。化学教学目标的设计，从方向、任务和内容上决定了化学教学过程中，教师的教学策略和学生的学习策略，设计化学教学目标对化学教学活动具有指导作用。

2.化学教学目标的功能

化学教学目标是化学教学活动的出发点和最终归宿，它具有以下几个功能：

（1）作为分析教材和设计教学活动的依据

教师一方面根据课程目标确定课时教学目标，另一方面又根据这些教学目标设计教学活动、实施教学。具体明确的教学目标可以帮助教师迅速厘清教学思路，建立一种特定的思维方式来思考问题，以及达到教学目标的途径，从而引导教师设计合适的教学活动顺序，选择合适的教学媒体、教学方法、教学手段和教学资料等。

（2）描述具体的行为表现，为教学评价提供科学依据

课程标准提出的教学目的与任务过于抽象，教师无法把握客观、具体的评价标准，这使得教学评价的随意性较大。用全面、具体和可测量的教学目标作为编制测验题的依据，可以保证测验的效度、信度及试题的难度和区分度，使教学评价有科学的依据。教师只有根据教学目标编写测试题来衡量和评价教学效果，才能体现教学的意义。

（3）激发学生的学习动机

要激发学生的认识内驱力、自我提高内驱力和附属内驱力，必须让学生了解预期的学习成果，使他们明确成就的性质，参与目标清晰的成就活动，对自己的行为结果做成就归因，并最终取得认知、自我提高和获得赞许的喜悦。

（4）帮助教师评价和修正教学过程

对教师来说，化学教学目标描述了完成教学活动以后，学生应有的行为表现，这为教师教学活动的测量和评价提供了科学的依据。根据控制论原理，教师必须依靠反馈进行自我评价和调节。有了明确的教学目标，教师就可以以此为标准，在教学过程中充分运用提问、讨论、交谈、测验和评改作业等各种反馈方法，来评价和修正教学过程。

（二）与化学教学目标密切相关的概念

化学教学目的和化学教学目标是一般和特殊的关系，前者具有稳定性，后者具有灵活性。化学教学目标是一个完整教案的重要组成部分。从化学教学目的到化学教学目标，不仅是一字之差，而是对教学本质的理解发生了变化，对教学行为的指导发生了变化。化学教学目的更多的是从教师的角度考虑通过教师的“教”所要达到的目的，相对忽略了学生学习的个性特征。对不同的学生而言，教师所要达到的目的是一致的，达成方向是单向的，达成手段是单一的。教学目标要求教师改变审视问题的角度，更多地从学生的“学”的角度来考虑，

展示的是对学生学习结果的期望。对不同的学生，依据学生的基础和发展可能性设计不同的目标，达成的方向是双向的，达成的手段是多样的。

（三）化学教学目标设计的价值取向

所谓价值取向，是人们价值思维和价值选择的方向性。化学教学目标的价值取向是在制定化学教学目标时，对化学的价值思维和价值选择的方向性。

化学教学目标是一切化学教学活动的出发点，也是归宿，同时也是化学教学目标的价值得以实现的前提。化学教学目标的价值取向分为社会本位和学生本位。社会本位要求教学以社会为价值主体，满足社会的需要，把学生培养成社会所需要的人；学生本位要求教学应满足学生个体的需要，教学应以学生的兴趣、需要为出发点，让学生自由地、自然地发展。

二、化学教学目标分类理论

教学目标分类是指运用分类学的理论，把具体的教学目标按照从简单到复杂、从低级到高级、从具体到抽象的形式有序地排列组合，使之系列化。有效地研究教学目标的分类，对于实现教学目的和评价课堂教学质量具有十分重要的意义。自 20 世纪 50 年代以来，人们系统、深入地研究教学目标分类问题，提出了几种重要的教学目标分类理论。

（一）布鲁姆等人的教学目标分类理论

布鲁姆等人受到行为主义和认知心理学的影响，将教学目标分为认知、情感和动作技能三个领域。每一个领域内，又细分为若干层次，这些层次具有阶梯关系，即较高层次目标包含较低层次目标，在每一层次里又规定了一般（具体）目标。

1.认知领域教学目标

布鲁姆等人把认知领域的教学目标，按照从低级到高级分为识记、领会、运用、分析、综合和评价六个层次。

2.情感领域教学目标

布鲁姆等人把情感领域教学目标，依据价值内化的程度分为接受或注意、反应、价值评价、价值观的组织和价值的性格化五个层次。

3.动作技能领域教学目标

布鲁姆等人把动作技能领域的教学目标分为知觉、准备、有指导的反应、机械动作、复杂的外显反应、适应和创作七个层次。动作技能领域目标的各个层次均有各自的一般目标，这些目标可以用一些描述学习结果和行动的动词表述。

（二）加涅的学习结果分类理论

罗伯特•米尔斯•加涅（Robert Mills Gagne，以下简称“加涅”）被认为是认知心理学派的折中者，主要从事学习心理学的研究。他认为并非所有的学习均相近，从而把学习区分为不同层次，最早提出了八个层次，代表不同种类的认知能力。为了能够使学习层次的原则在教学上应用，加涅提出了五种学习结果，使教师根据学习结果的表述设计最佳的学习条件。五种学习结果分别为智慧技能、认知策略、言语信息、动作技能和态度。

（三）我国关于教学目标分类体系的探索

长期以来，我国教育界重视和突出基础知识和基本技能，形成了“双基”教育模式，从而形成了“双基”教学目标体系。自 20 世纪 80 年代以来，这一体系在教育教学改革中，催生出了“三基”教学，即基础知识、基本技能和基本能力教学。后来，人们开始重视学生健康个性的形成和发展。在教学研究中，思考和研究了我国教学目标的建构问题，进而提出了“三基一个性”的教学目标体系的构建设想，即将教学目标分为基础知识、基本技能、基本能力和健康个性四个领域。

（四）化学新课程教学目标的维度及层次

依据不同的标准，化学教学目标可以分成不同的类型或维度。从科学素养的基本结构出发，根据义务教育化学课程标准中的课程目标、内容标准及教材的内容特点，借鉴布鲁姆等人的教育目标理论，可以把义务教育化学教学目标维度、目标层次及可供选择的动词归纳起来，如表 2-1 所示。

表 2-1 化学新课程教学目标维度及层次

<table>
<tr><th colspan="2">目标维度</th><th>目标层次</th><th>可供选择的动词</th></tr>
<tr><td rowspan="5">知识与
技能</td><td rowspan="3">化学知识</td><td>了解</td><td>知道、记住、说出、列举、找到、写出、辨认</td></tr>
<tr><td>理解</td><td>能表示、区别、识别、认识、看懂</td></tr>
<tr><td>应用</td><td>证明、说明、画出、写出、解释、
设计、计算、理解、判断、选择</td></tr>
<tr><td rowspan="2">实验技能</td><td>模仿</td><td>初步学习</td></tr>
<tr><td>独立操作</td><td>初步学会</td></tr>
<tr><td colspan="2" rowspan="3">过程与方法</td><td>感受</td><td>注意、感知、觉察、关注、留心、体验、认识、体会</td></tr>
<tr><td>领悟</td><td>初步形成、树立、保持、发展、增强</td></tr>
<tr><td>简单应用</td><td>设计、计划、提出、运用</td></tr>
<tr><td colspan="2" rowspan="3">情感态度
与价值观</td><td>经历</td><td>关注、注意、感知、觉察、体验</td></tr>
<tr><td>反应</td><td>意识、体会、认识、遵守</td></tr>
<tr><td>领悟</td><td>初步形成、树立、保持、发展、增强</td></tr>
</table>

三、化学教学目标设计的步骤和原则

（一）化学教学目标设计的步骤

弄清楚化学教学目标的维度及陈述方法后，就可以设计具体化学教学目标。所谓化学教学目标设计，是指根据化学教学目标内容和相应的目标层次，以化学教材中的“课题”或者“节”为单位，将化学课程目标具体化，具体包括以下内容：

第一，以化学课程“内容标准”“活动与探究建议”为依据，结合化学教材具体的教学内容特点，分析教材中“知识与技能”“过程与方法”“情感态度与价值观”三个目标维度中的化学教学目标内容，并按其内在联系排序。

第二，根据化学教学目标内容特点、教学阶段性及学生特点，分析化学教学应达到的目标层次。

第三，用简明、通俗的语言陈述教学目标要求。

（二）化学教学目标设计的原则

在设计化学教学目标时，应注意以下几个原则：

1.平衡性原则

所谓平衡性，有以下三层含义：

第一，化学教学目标的结构要合理，既要有反映具有质与量规定性的、可观测的行为的结果性目标，又不能忽视表现内部心理过程的定性目标。

第二，目标的内容要全面，既要有化学知识与技能目标，又要重视探究过程与方法、情感态度与价值观方面的目标，要充分发挥目标的整体效应。

第三，教学目标的多少应符合学习规律，即教学目标既要有主次区分，突出重点，又要考虑多样性的教学目标的交替运用。

2.弹性原则

弹性原则是指化学教学目标的设计要灵活变通、区别对待。由于教学目标是教师预期的学生学习结果，带有一定的主观性。因此，在实际的化学教学过程中，如发现有预料之外的变化，应及时更正或修改既定的目标，而不应把它视为神圣的、不可改变的东西。另外，化学教学目标的底线是要求全体学生必须达到的最基本的目标，对于不能达标的学生，要采取补救措施，帮助他们达标；而对学有余力的学生，还应专门为他们制定新的目标，促进其个性特长的发展。

3.可行性原则

可行性原则是指所制定的化学教学目标要切实可行，在规定的时间内能够实现。例如，“培养实验探究能力”“学会实验条件控制方法”这样的化学教学目标陈述很笼统，教师不可能通过某一课时的教学来实现，而是需要跨越多个课时，甚至整个学期或学年的持续积累，才能得以实现。如果改为“体验应用实验条件控制方法，进行化学实验探究的过程”“认识实验条件控制方法在化学实验探究过程中的重要作用”这样的教学目标陈述，就比较好落实。

4.相关性原则

相关性原则是指要处理好化学教学目标与化学课程目标、教材单元（或章）的教学目标与教材节的教学目标之间的关系。化学教学目标是化学课程目标的具体化，所以制定的化学教学目标应充分体现化学课程目标的要求，二者应具有一致性。教材单元（或章）的教学目标、教材节的教学目标在内容上应该依次更加具体化、可操作化，教学目标的水平层次应该体现阶段性和发展性。

四、化学教学目标的编写

（一）化学教学目标的编写方法

准确、清晰地陈述化学教学目标，既有利于教师的化学教学设计，又有利于指导学生的化学探究学习，也有利于化学教学评价。

借鉴西方学者提出的教学目标陈述理论和技术，可以构建新的化学教学目标陈述模式。规范的教学目标应包含以下四个基本要素：

1.主体

主体指教学对象，即学生。学生是化学教学的主体，故教学目标陈述主体也应该是学生，而不是教师。因为教学目标应当表述学生的学习目标和结果。按照这一要求，化学教学目标陈述可表述为“学生初步学习”“学生能解释”

“学生能设计”“学生能体验”等。而不宜使用“使学生了解”“培养学生的科学态度”“激发学生的实验兴趣”等句式，因为这样陈述的主体不是学生，而是教师。

2.行为

行为指通过学习以后，学生能做什么，或者有什么心理感受和体验。一般情况下，用动宾短语可以较准确地描述学生的行为，动词表明学习的要求，宾语说明学习的内容。可以用那些外显和可测量的行为动词（如说出、列举、识别、判断、认出、写出、区别、解释、选择、计算和设计等）来表述，或者用难以观测的、能表示内在意识和心理状态的动词（如感知、关注、感受、觉察、领会和体验等）来表述。行为的表述关键是选择准确、恰当的动词，因为它代表了对学生学习行为的要求。

3.条件

条件指影响学生产生学习结果的特定限制或范围，主要说明学生在何种情境下完成指定的学习目标。条件的陈述包括的因素有环境因素（如空间、地点等）、人的因素（如个人独立完成、小组集体完成、在教师的指导下完成等）、设备因素（所要用到的工具、设备、器材等）、信息因素（所要用到的图表、资料、书籍、数据、网络等），以及明确性因素（需要提供什么刺激或条件来引起行为的产生）。

4.标准

标准，又被称作行为程度，是指学生对目标所达成的最低表现水平，用以评定、测量学生学习结果的达成度。

一般来说，化学知识与技能领域的学习目标要求结果化，因此教师应明确学生的学习结果是什么，采用明确、可观察、可测量、可评价的行为动词来进行陈述，如“记住……的实验现象”。而对于过程与方法、情感态度与价值观的目标，由于其无须结果化或难以结果化，通常使用体验性、过程性的动词，与少数行为动词结合来描述学生的心理感受，给学生提供表现的机会，如“认识合作与交流在实验探究活动中的重要作用”。

（二）化学教学目标编写案例与分析

1.化学教学目标的检视方法

在化学教学目标设计完成之后，可将其与以下基本要求进行对照，从而检视化学教学目标的质量：

第一，教学目标是否尽可能地做到了以“最终行为”来呈现。

第二，教学目标中陈述的行为是否是学生行为，而非教师行为。

第三，每一项教学目标是否只陈述了一项学习结果。

第四，教学目标中所使用的动词是否达到了最大可能的外显化，教学目标是否为明显的具体行为目标。

第五，教学目标中的行为水平是否明晰。

第六，教学目标体系中是否考虑了学生的知识与技能、过程与方法、情感态度与价值观这三个基本维度。

2.化学教学目标认识和制定中存在的问题

（1）目标认识不清

在化学教学中，有些教师对教学目标认识不清，教学时只凭经验和考试的要求，认为讲完规定的教材内容就达成了教学目标；还有些教师在备课时，只是抄写教学参考书中的内容或者从网上下载资料，教学目标只是用来应付学校检查的。这些做法都会导致教学目标虚化，扩大教学的随意性，不利于循序渐进地提高学生的学习能力。

（2）目标陈述模糊

有些教师制定化学教学目标时，词语表述不清，目标陈述模糊。清晰的教学目标应陈述学生在完成学习之后会发生的变化，而在实际制定教学目标时，这部分出现的错误是最多的。

（3）目标制定单一

有些教师在设计化学教学目标时，只重视知识与技能目标的制定，忽视了情感态度与价值观目标，或对三维目标的认识模糊不清，没有分类陈述。

（4）课程目标和教学目标区分不清

有些教师对化学课程目标和教学目标区分不清，在制定某一节课的教学目标时，不够具体、明确，往往把化学课程目标的内容定为某一节课的教学目标。

（三）制定有效教学目标策略

1.深入研究课标策略

国家课程标准是课程改革的纲领性文件，它具有法定性、核心性、指导性的地位和作用，也是在新课程实施过程中，开展教师的“教”和学生的“学”的直接依据。可以说，教师对课程标准的领悟程度，将直接决定课堂教学的质量和学生的学习效果。

2.深入研究教材策略

新教材本身就是按三维目标设计的，除了知识点，也考虑了科学方法、情感因素，需要教师仔细体会、充分挖掘。新教材在内容安排上具有较大的弹性，教师在使用时必须加工处理，只有这样，才能更好地理解和把握教材，准确地制定教学目标，发挥教材应有的作用。

3.深入研究学生策略

第一，教师要充分考虑学生在知识技能方面的准备情况和思维特点，掌握学生的认知水平，以便确定“双基”目标。

第二，教师要充分考虑学生在情感态度方面的适应性，了解学生的生活经验。

第三，教师要充分考虑学生的学习差异、个性特点和达标差距，以便按照课程标准确定教学目标，为不同状态和水平的学生提供适合他们最佳发展的教学条件。

4.反思评价策略

教学活动完成后，反思和自我评价也是关键的一环。反思的内容如下：

第一，对于概念与原理教学中的关键点是否已经传达给学生。

第二，学生对于这些的理解能力有多少。

第三，在解答相关的化学问题时是否有遗漏。

第四，化学方法与化学思想在教学目标的制定中是否已经准确体现。

自我评价的内容如下：

第一，在化学探究活动中，是否已经将相关的化学概念与原理教授给学生。

第二，对于学生的困惑是否真正做到细心地讲解，学生是否真正理解。

第三，自己的教育方式还有没有不妥的地方，有哪些需要改进的地方。

第四，在下一次的教学中还有哪些需要注意的问题。

五、化学教学任务分析

任务分析是教学设计中的重要环节，是促进教学设计科学化的一门重要技术。任务分析的目的是揭示教学目标规定的学习结果的类型及其构成成分和层次关系，并据此确定促使这些学习结果习得的教学条件，从而为学习顺序的安排和教学情境的创设提供依据。

（一）化学教学任务分析的步骤

任务分析理论是近年来随着对各种学习类型及其有效学习条件的深入研究而发展起来的，它主要包括以下几个步骤：

1.分析学习结果的类型

认知心理学家加涅将学生的学习结果分为智慧技能、认知策略、言语信息、动作技能和态度五种类型。其中，智慧技能又分为辨别、概念、规则、高级规则四个由低到高的层次。在加涅的学习结果分类中蕴含着一个重要观点，即学习具有层次性。这种层次性明显地体现在智慧技能的学习中，高一级的学习以低一级的学习为基础，低一级的学习是高一级学习的先决条件。

根据化学学科的特点，结合加涅的五种学习结果，可以把化学知识的学习结果分为五种类型，即事实性知识、理论性知识、策略性知识、技能性知识和情意类内容。其中，事实性知识是指与物质的性质密切相关的，反映物质的存在、制法、存储、用途、检验和反应等多方面的知识；理论性知识是指与化学理论密切相关的概念、原理和规律等内容；策略性知识是指在学习情境中，学生对学习过程调控的各种方法；技能性知识是指运用习得的知识和经验，反复练习而形成的顺利完成某种任务的活动方式，主要包括实验操作技能、化学计算技能和化学表达技能；情意类内容是指对学生情感、意志、品格和行为规范产生影响的一类教学内容。

不同类型知识的学习，要求有不同的学习条件。可以把影响化学学习的条件分为学生自身的内部条件和外部条件。内部条件又分为必要条件和支持性条件：必要条件是不可缺少的学习条件，支持性条件一般是有助于学习的条件。化学理论性知识的学习具有明显的层次性，低一级理论性知识是高一级理论性知识学习的必要条件。

假定此时的教学目标是化学原理的学习，教师在任务分析时必须明确构成该原理的基本概念，这些基本概念就是化学原理学习的必要条件。只有掌握了这些基本概念，才能进一步掌握由基本概念构成的化学原理。一些有助于理论性知识学习的策略性知识和事实性知识，则是理论性知识学习的支持性条件。

化学策略性知识学习的必要条件是某些基本的心理能力，如记忆策略需要有心理表象的能力；解决化学问题时，需要有分解问题的分析能力等。化学事实性知识学习的必要条件是学生必须具有一套有组织、有意义的化学语言信息（化学用语），其支持性条件是有关的理论性知识和某些策略性知识（如观察、实验和记忆等）。表 2-2 概括了三种类型（事实性知识、理论性知识、策略性知识）的化学知识认知学习的必要条件和支持性条件。

表 2-2 三种类型的化学知识认知学习的必要条件和支持性条件

化学知识分类	必要条件	支持性条件
事实性知识	一套有组织有意义的化学语言信息	情感性知识 策略性知识 理论性知识
理论性知识	较简单的理论性知识	情感性知识 策略性知识 事实性知识
策略性知识	某些基本心理能力和认知发展水平	情感性知识 策略性知识 事实性知识

在进行任务分析时，教师首先要将教学目标中陈述的学生的学习结果归到五种类型中，然后分析不同类型化学知识学习的内部条件和外部条件。教学就是教师依据预期的不同学习结果来创设或安排适当的学习条件，帮助学生有效地学习，使预期的学习结果得以实现。

2.确定学生的起点能力

起点能力是指学生在学习新知识技能之前原有的知识技能水平。例如，“理解物质的量浓度的概念，记住其计算公式，并能运用计算公式，计算物质的量浓度”这一教学目标所规定的是完成一定的教学活动完成后，学生应习得的终点能力。这一终点能力的达成，需要如下先决知识技能：第一，掌握溶液的概念及性质；第二，掌握物质的量的概念，并会有关计算。这两种知识技能构成了学生“计算物质的量浓度”之前的起点能力。起点能力是学生习得新能力的必要条件，它在很大程度上决定教学的成效。许多研究表明，起点能力对新知识的学习起到的作用比智力更大。教师可以通过诊断测验、平时作业批改和提问等方式，确定学生的起点能力，并采取相应的措施，确保学生具备接受新知识所必需的起点能力。

同时，在分析学生的起点能力时，教师还必须分析学生的学习心向（动机、态度）和认知风格等，以确定教学的出发点。所谓认知风格，也被称为认知方式，指个体偏爱的信息加工方式，表现在个体对外界信息的感知、注意、思考、记忆和解决问题的方式上。不同认知风格的人对信息加工和处理的方式存在差异，主要表现在场独立型与场依存型、冲动型与沉思型等方面。认知方式上的差异不同于智力上的差异，它没有优劣之分，但会影响学习的方式。另有研究表明，学生对科学信息进行思考或反应的认知风格，即科学认知偏好，分为事实或记忆、原理原则、发问质疑和应用四种类型。事实或记忆型偏好者喜欢记忆科学信息，并将科学信息以原样储存在记忆中；原理原则型偏好者喜欢从习得的科学信息中归纳出原理原则，或寻找信息之间的相互关系；发问质疑型偏好者喜欢对科学信息做思考、质疑或评价，以深入探讨有关的科学知识；应用型偏好者喜欢以科学信息的应用性来评价或判断其价值，对应用科学知识解决生活中的问题最感兴趣。

学生的科学认知偏好表现会因教师的教学风格及教学策略、教学目标、学习内容的类型等因素而有所差异，它可以通过教学来加以培养。因此，了解学生的认知风格对于教学设计具有重要的意义。

3.分清使能目标与起点能力、终点能力之间的关系

在起点能力到终点能力之间，学生有许多知识技能尚未掌握，掌握这些知识技能又是达到终点目标的前提条件。从起点能力到终点能力之间的这些知识技能，被称为使能目标。从起点能力到终点能力之间所需要学习的知识技能越多，则使能目标也越多。

一旦清楚了起点能力、使能目标和终点能力的先后顺序，教学步骤的确定就有了科学的依据。学生的起点能力、使能目标和终点能力之间的关系，直接影响教学步骤和教学方法的选择。认知教育心理学家戴维·保罗·奥苏贝尔（David Pawl Ausubel，以下简称“奥苏贝尔”）认为，学习的实质是新知识与学生认知结构中原有的知识通过相互作用，建立非人为和实质性的联系。新旧知识的相互作用就是新旧意义的同化，其结果是新知识获得意义、原有认知结

构发生重组。因此，在新知识的学习中，认知结构中的原有知识起决定作用。新知识与学生认知结构中原有的知识可构成以下三种关系：

第一，原有知识是上位的，新学习的知识是原有知识的下位知识。

当认知结构中，原有知识在包容程度和概括水平上高于新学习的知识时，新知识对原有知识构成下位关系，这时新知识的学习称为下位学习。例如，学生已经掌握了烃的概念的知识，则学习芳香烃的概念为下位学习。

第二，原有知识是下位的，新学习的知识是原有知识的上位知识。

当新知识在包容程度与概括水平上高于原有知识时，这时新知识的学习属于上位学习。例如，学生已经掌握了铁、硫、碳、磷等物质跟氧气反应的知识，在此基础上学习化合反应的概念便是上位学习。

第三，原有知识和新学习的知识是并列的，构成并列结合的关系。

有时，新知识与认知结构中原有的知识既不产生上位关系，又不产生下位关系，新知识可能与原有知识构成某种吻合关系或者类比关系，这时新知识的学习为并列结合学习。例如，学生已经具有了酸的通性的知识，再学习碱的通性时，由于二者之间具有某些相似性，新知识也可以被原有知识同化。

上位学习、下位学习和并列结合学习三者的内部和外部学习条件不同，新旧知识相互作用的过程和结果也不同，教师在分析任务时，必须弄清楚新旧知识之间的关系，从而选择最优的教学模式。

（二）化学教学任务分析的案例

以高中化学“物质的量”为例，根据加涅的学习结果分类理论，按照教学任务分析的方法，进行以下任务分析：

1.确定教学目标

教学目标是学生学习的预期结果，它将课程标准所提出的理念和目标具体化，并为学习结果的测量与评价提供了依据。任务分析的实质是教学目标分析，通过分析教材和学生实际而确定教学目标，是整个任务分析工作的起点，任务分析的其他各项工作也随着教学目标的明确而展开。

2.学习结果类型分析

揭示教学目标所属学习结果的类型，是确定学习条件、使能目标及其顺序关系的基础。例如，根据加涅的学习结果分类理论，“物质的量”一节的学习结果类型就属于智慧技能层次的规则学习，即学会有关物质的量的计算。

3.学习条件分析

任务分析主张学习有不同的类型，而不同类型的学习有不同的过程和条件。根据学习结果类型，找准适合该类型学习的学习过程和条件，进而揭示学生起点能力到终点学习目标之间所必须掌握的使能目标及其顺序关系。

加涅强调，激发和引导学习的条件有外部条件和内部条件。以“物质的量”一节为例，外部条件是独立于学生之外存在的，即指学习的环境；内部条件指学生在学习“物质的量”时已有的知识和能力。学习结果分类理论所揭示的学习条件属于内部条件，内部条件又分为必要条件和支持性条件。其中，必要条件是学生达到教学目标不可缺少的条件；支持性条件则是有助于学生达到学习目标的条件。

4.起点能力分析

起点能力是指学生在学习新知识技能之前，原有的知识技能水平。以“物质的量”一节为例，学习目标是理解物质的量、阿伏伽德罗常数和摩尔质量的概念，牢记两个计算公式，并能运用其进行简单快速地计算。达到终点目标需要如下先决知识技能：第一，掌握分子、原子、离子等微观粒子的概念。第二，知道宏观物质和微观粒子的联系。这两种知识技能构成了学生习得新知识技能之前的起点能力，在很大程度上决定了后续学习活动的效果。因此，在教学设计时，教师要安排一定的时间复习这部分知识，以确保学生具备接受新知识所必需的起点能力。在分析学生起点能力的同时，教师还必须分析学生的认知方式、认知能力和性格差异等，以确定教学的出发点。

第二节 化学教学过程设计

一、化学陈述性知识的教学设计

（一）化学陈述性知识概述

陈述性知识是指个人掌握的有关“世界是什么”的知识，主要是指语言信息方面的知识，用于回答“是什么”的问题，如“氧化剂是什么”“铁的物理性质是什么”等。根据加涅的学习结果分类理论，可以将化学陈述性知识的学习分成三种类型，即符号表征学习、概念学习和命题学习。

1.符号表征学习

符号表征学习指学习单个符号或一组符号的意义，也就是说，学习它们代表什么。符号表征学习的主要内容是词汇学习，即学习这个词表示什么。符号表征学习的心理机制是符号与其代表的事物或观念在学生认知结构中，建立相应的等值关系。例如，铜这类物质，在汉语中它的表达方式是“铜”，在化学用语中的符号为“Cu”，这两种形态是可以分离的，学生需要在特定的情境下识别它们。

2.概念学习

概念学习实质上是掌握同类事物共同的关键特征。例如，学生学习“氧化物”这一概念，就是掌握“氧化物是由氧元素和另外一种化学元素组成的二元化合物”这一关键特征。如果对某个学生来说，“氧化物”这个符号不仅仅是一个简单的词汇或标记，而是已经与一系列具体的意义、特征、属性，以及它在现实世界或化学学科领域中的应用紧密联系起来时，那么这个符号就转化为一个概念。要想让学生掌握同类事物的关键特征，可以由学生从大量同类事物的不同例证中独立发现，这种获得概念的方式被称为概念形成；也可以用定义的方式直接向学生呈现，学生利用认知结构中原有的概念来理解新概念，这种获得概念的方式被称为概念同化。

3.命题学习

命题可以分为两类：一类是非概括性命题，指的是两个或者两个以上的特殊事物之间的关系；另一类是概括性命题，表示若干事物或性质之间的关系。无论是非概括性命题，还是概括性命题，它们都是由词语联合组成句子表征的。因此，命题学习也包括符号表征的学习，命题学习在复杂程度上一般高于概念学习。

（二）化学陈述性知识学习的条件

人们常用认知心理学的同化论来解释陈述性知识学习的条件。同化论的核心是相互作用观，它强调学生的积极主动精神，即有意义学习心向，强调潜在意义的新观念必须在学生的认知结构中找到适当的同化点。新旧观念相互作用的结果，会导致潜在意义的观念转变为实际的心理意义，与此同时，原有的认知结构会发生变化。

（三）化学陈述性知识学习的一般过程

陈述性知识的学习过程分为激活启动、获得加工、巩固迁移三个阶段，每一个阶段都为后续学习提供了基础。

1.激活启动阶段

在激活启动阶段，符合学习认知规律的教学情境及其人文性加工等教学条件，都能够引发学生的认知冲突，为记忆搜索和提取提供线索，从而建立新知识与已有认知结构之间的联系，让学生明确学习的责任与意义，激发学生的学习动机。

2.获得加工阶段

在获得加工阶段，主要有三个方面的任务：一是从表面意义上强调关键术语的罗列，用科学事实对知识进行科学的理解与界定；二是从深层意义上对陈述性知识进行抽象分析，让学生深入理解、重新定义和构建联系；三是从价值意义上让学生了解所学陈述性知识的价值。

3.巩固迁移阶段

在巩固迁移阶段，让学生在最初的学习中主动练习、精细复述，在多元情境中充分复习并抽象地表征知识，能够进一步巩固、修改和完善学生形成的知识图式，纠正学生在理解中的错误，促进学生长久保持知识。

（四）化学陈述性知识的教学策略

陈述性知识的学习过程分为三个阶段，在不同的阶段可以采取不同的策略。

1.激活启动阶段的教学策略

教师创设实际的问题情境，提示学生回忆原有知识，呈现经过精心安排和组织过的新知识，引导学生建立新知识与已有认知结构之间的联系，帮助学生形成认知冲突，从而激发学生学习的动机，使学生明确学习的目标。案例教学法就是一种非常好的情境化导入教学方法，但是这个阶段的案例最好以正例为主，可以帮助学生形成正确的概念。

2.获得加工阶段的教学策略

教师对陈述性知识进行去情境化概括，即对知识进行深加工与编码。只有经过深加工与良好编码的知识，才能易于提取、组织，促进学生形成良好的认知结构，便于新旧知识的同化。讲述教学法、演示教学法、启发式教学法和练习教学法有利于教师传递一些较为抽象、艰深的知识体系和概念，使学生在较短时间内尽快掌握系统知识，提高学生的概括水平。学生掌握的基础知识越多，越容易产生广泛的迁移。

3.巩固迁移阶段的教学策略

对于简单的陈述性知识，指导学生复习与记忆策略的难点不在于理解，而在于保持，教师可采用复述策略、精加工策略及组织策略帮助学生巩固知识。

对于复杂的陈述性知识，同样可以采用以上三种策略，只是应用的目的和条件不同。例如，教师在使用复述策略时，不能仅是简单重复，而应该利用学生对学习材料深层次的意义理解、具体运用、特别标志来加以强化，透过机械复述、精细复述和主动复述三个阶段进行学习，并适当地运用联想方式。

在实际教学中，教师要根据陈述性知识的特点与学生认知结构的关系，以及学生的认知水平选择教学策略。教师无论使用何种教学策略，都要鼓励学生自己去发现和归纳，这样有助于学生对知识的理解与记忆，教师还要鼓励学生将知识运用于实践，以检验学生对知识的理解和掌握情况。

（五）化学概念的教学过程

化学概念是化学知识的重要组成部分，是有关物质的组成、结构、性质、变化的本质属性及其规律在人们头脑中的能动反映，是反映物质在化学运动中的固有属性的一种思维形式，是整个化学学科知识的基础。化学概念的学习有观察学习和语言接受学习两种方式，综合这两种学习方式，化学概念的学习包括以下几个阶段：

第一，感知材料，建立表象。教师讲解或阅读教材，或者让学生有目的地观察典型的化学事物和实例。

第二，抽象本质，加工概念。让学生对典型的化学事物、实例进行分析、综合、抽象，提取其本质特征，确定各特征之间的联系，或者对接受的语句加以分析，形成关于概念意义属性的本质特征。

第三，熟悉内涵，初步形成概念。让学生找出的本质特征，推广到其他范围，形成概念，得出定义，或者联系原有知识，同化或理解给予的含义，使概念符号化。

第四，联系整合，形成概念。

第五，拓展思维，运用概念。让学生运用化学概念对化学事实进行概括、推理、解释，从而达到深化和丰富。

（六）学习化学原理的主要方法及教学策略

1.学习化学原理的主要方法

在探索物质变化的过程中，人类积累了很多关于物质变化的规律性知识，即关于化学反应的基本原理。化学反应的基本原理涵盖了宏观与微观存在的必然联系、物质的构成与微粒间关系的规律。化学反应过程机理及其控制的研究，不仅是化学学科的核心领域之一，也是与其他学科领域紧密交叉和融合的方面，主要包括化学变化的方向和限度、化学反应的速率和反应机理，以及物质结构与性质之间的关系。化学原理的学习是极其复杂的，教师应指导学生对化学原理进行思维加工，具体方法包括以下几种：

（1）归纳法

归纳法是指从众多的结果或结论中分析、概括而总结出化学原理的方法，分为实验归纳法和理论归纳法。实验归纳法是指直接从化学实验结果中分析、概括而总结出化学原理的方法。理论归纳法是指利用已有的化学基本概念和原理，经过归纳、推理，得出更普遍的化学原理的方法，如化学反应中的能量守恒、由三大气体实验定律得出理想气体状态方程等。

（2）演绎法

演绎法是利用较一般的化学原理，经过演绎推理，推导出特殊的化学原理的思维方法，如学习理想气体实验定律，既可以采用归纳法，又可以采用演绎法。

（3）类比法

类比法是根据两个对象在某些属性上的相似性，而推出它们在另一种属性上也可能相似的一种推理方法。

2.化学原理的教学策略

实际教学中，教师应根据具体教学内容、学生情况和教学资源，采用不同的教学策略。具体如下：

第一，熟练思维方法。

学生在化学原理的学习过程中，经常会使用上述几种思维方法，如果对这些思维方法不熟练，会严重影响学生的学习效果。因此，教师有必要加强对学生采用上述思维方法的训练和指导。

第二，建立事实依据。

化学原理具有抽象性，对于抽象、难懂的化学原理，教师要在教学过程中以充分的感性材料为基础。这种由感性到理性、由现象到本质、由浅入深、由易到难的认识过程，才符合学生的认知规律。

第三，理解原理本质。

化学原理教学需要感性认识，但不能仅仅停留在感性认识上，否则会出现错误。例如，在“电子云”的教学中，当老师问道：“从氢原子电子云图上看，其原子核外有多少个电子？”有的学生回答：“有几百个甚至几千个电子。”很明显，此时学生对电子云图只停留在直观感觉上，而没有进行抽象思维的加工。此时，教师需要帮助学生理解原理本质。

第四，理论联系实际。

要想做到化学原理教学与实际相联系，教师就先要从元素化合物知识入手。在教学中，教师应先从化学原理出发，让学生认识各种元素及其化合物的性质、结构和制取方法等。

二、化学程序性知识的教学设计

程序性知识最早出现在人工智能与认知心理学领域，是“怎么用”的知识。现代认知心理学认为，程序性知识相当于智慧技能和认知策略，它往往潜于行动背后，难以用词语表达，主要反映活动的具体过程和操作步骤，是一种实践性知识，也被称为操作知识。

（一）化学程序性知识与陈述性知识的关系

第一，程序性知识的建立是以相应的陈述性知识为基础的。陈述性知识是关于“是什么”的知识，而程序性知识是关于“怎么用”的知识，要明白“怎么用”就得先知道“是什么”。

第二，表现形式不同，更重要的是对环境的接近程度不同。陈述性知识的命题网络比较静态，与具体环境关联性不大；而程序性知识的命题网络较为动态，产生时对具体环境的反应较快。

（二）化学程序性知识的分类

从知识结构的角度进行划分，化学程序性知识主要包括以下几类：

第一，概念及简单规则的运用，如识别物质的类别，配合物、有机物的命名等。

第二，运用原理和规则进行计算和判断，如有关物质的量、化学平衡的计算，物质的鉴别及实验设计等。

第三，根据有关原理、规则进行实验操作，如气体的制备、物质的提纯，以及有机物的合成等。

（三）化学程序性知识学习的一般过程

研究者一般将程序性知识学习的过程划分为三个阶段，即新知识习得阶段、知识的巩固与转化阶段、知识的应用与迁移阶段。

我国学者皮连生进一步将这三个阶段拓展为六个步骤，提出了广义知识教学一般过程。具体内容如下所示：

第一，引起与维持注意，告知教学目标。

第二，提示学生回忆与巩固原有知识。

第三，呈现经过组织的新信息。

第四，阐明新旧知识的各种关系，促进新知识的理解。

第五，指引学生反应，提供反馈与纠正。

第六，提供技能适用情境，促进迁移。

（四）化学程序性知识的教学策略

现代认知心理学认为，陈述性知识是程序性知识的前身。因此，学生要想掌握化学程序性知识，就不能忽视相应化学陈述性知识的重要性。但是，仅仅掌握陈述性知识是远远不够的，现实中学生常常出现的“懂而不会”的现象，即学生仅掌握了陈述性知识，而没有很好地掌握程序性知识。为帮助学生掌握化学中的程序性知识，教师可采取以下教学策略：

1.概念教学策略

针对概念的抽象水平不同，教师可使用不同的教学方法。通常，具体概念的教学要经过知觉辨别、假设、检验假设和概括四个阶段。例如，在教授“氧化物”这个概念时，教师应按照如下顺序进行：

第一，展示多种氧化物的化学式。

第二，假设氧化物中只含有两种元素，其中一种是氧元素。

第三，列举出更多氧化物的化学式并检验这个假设，使假设进一步精确化。

第四，概括揭示氧化物的本质特征，即由两种元素组成，且其中一种是氧元素的化合物，通常被定义为氧化物。

在这个过程中，教师需要从外界寻找较多的正例和反例，正例有助于确定概念的本质属性，反例有助于剔除概念的非本质属性。定义性概念的教学一般采用先让学生理解概念的含义和概念的本质特征，然后用适量的典型例子作为分析说明的策略。

2.“例—规”教学策略

“例—规”教学策略是指教师在教授规则或原理时，只提供规则或原理的若干特殊例证，而不呈现规则或原理本身，让学生自己从例证中概括出一般结论，从而掌握规则或原理的基本特征。例如，教师在教授质量守恒定律时，只提供例证，学生通过多次实验探究，观察质量变化规律，在此基础上归纳出质量守恒定律。

3.“规—例”教学策略

“规—例”教学策略与“例—规”教学策略正好相反，是指教师在教授规则或原理时，要把学习的规则或原理直接呈现给学生，然后用有关实例予以解释和说明，学生利用认知结构中的已有知识加以理解并掌握。例如，在质量守恒定律的教学过程中，教师让学生先学习质量守恒定律的概念，然后再进行应用，解决具体问题。在此过程中，教师要注意组织多样的练习，促进学生对概念的理解。

（五）化学智慧技能的教学设计

皮亚杰将智慧技能划分为五个亚类，即辨别、具体概念、定义性概念、规则和高级规则，应用化学规则、原理和概念等解决实际问题。

智慧技能教学的设计包括以下几点：

第一，依据奥苏贝尔的理论，新知识的学习应建立在相关旧知识的基础上，新技能的学习才能有效。除此之外，新技能的多个步骤应该以叠加的方式呈现，并且呈现过程不应超过短时记忆的限制。例如，教师在讲解化学方程式的书写时，若讲解得太快，且未向学生提示学过的相关内容，在这种情况下，学生将会感到很混乱。

第二，智慧技能的学习要注意引起学生兴趣，或引发其认知冲突。在教学设计中教师要设置一些内容来颠覆学生已有的认识，或结合学生感兴趣的知识来讲解，这样有利于取得良好的教学效果。

第三，加涅等人指出，学生在最初习得智慧技能时，可能又快又准，但是智慧技能的保持和在实际问题中的应用却比较困难。因此，教师在教学过程中，重复和变式的教授是必要的。

（六）化学认知策略的教学设计

认知策略属于程序性知识的范畴，但是认知策略的知识本质上是一种特殊的程序性知识。

认知策略的教学设计，其内部条件包括如下几点：

第一，原有知识背景。认知策略的应用离不开被加工的信息本身，在某一领域的知识越丰富，就越能应用到适当的加工策略中。

第二，学生动机水平。凡是知道策略应用所带来效益的学生，比只学习策略的学生更能保持习得的策略。

第三，反省认知发展水平。认知策略的反省成分是策略运用成败的关键，有些心理学家主张认知策略学习应与反省认知训练相结合。

认知策略的教学设计，其外部条件涉及如下内容：

第一，若干例子同时呈现，越是高度概括的规则，越要提供更多的例子。

第二，指导规则的发现及其运用条件。

第三，提供变式练习的机会。

三、化学问题解决的教学设计

（一）问题解决教学概述

1.问题解决教学模式的内涵

问题解决教学模式，顾名思义是将问题作为模式的主题，以问题的解决为目标，并在解决问题的过程中，使学生掌握规定的教学内容，得到思维和科学方法的训练，提高思维的创造性和学习新事物的积极性。由于该模式有利于理化教学的优化操作，因此得到了广泛的研究和应用。在化学教学中，探究式教学即属于问题解决教学。

2.问题解决教学模式的基本结构

问题解决教学模式的基本结构是：设计情境，提出问题；分析问题，解决问题；回顾、归纳，得出结论；应用；该模式具体操作如下：

第一步，设计情境，提出问题。

设计情境即将问题放入实际情境中，用学生感兴趣的情节将其表达出来，并将情境中蕴含的知识明确地提出来。情境可选取故事情节、日常生活现象和社会生产实践现象等。

第二步，分析问题，解决问题。

分析问题中包含知识及需解决的问题，学生从教材、课外书、网站等资料中搜索解决问题所需的相关信息，并进行整理和提取。在该过程中，教师要注重培养学生的科学思维能力和探索能力。

第三步，回顾、归纳，得出结论。

分析问题，解决问题的结果要用言语形式（文字或图形等）表达出来，这是一个从感性到理性的过程，它可使学生对分析问题、解决问题的思维过程和思维方法有一个简明、有效的把握，同时又能锻炼学生的表达能力。

第四步，应用。

设计与所授内容相似的问题，以巩固“双基”；依据教材、结合社会实际，进行适当的综合和拓展，锻炼学生的知识迁移能力。

（二）问题解决教学设计策略

1.问题解决教学设计中创设问题情境的策略

问题情境创设得合理与否，直接关系到问题解决教学的成败。创设化学问题情境，有以下几种策略：

（1）通过实验创设问题情境

化学实验具有直观性、形象性等特点，可为学生提供丰富的感性信息，易引起学生的兴趣。因此，教师可运用实验来设置问题，引导学生通过观察、研究和分析实验中获得的感性信息去探究问题，从而揭示化学现象的本质、探究化学规律。

（2）通过旧知识的拓展创设问题情境

根据奥苏贝尔的理论，任何新知识的学习，可通过设计恰当的先行组织者，寻求它与旧知识的联系作为新概念的增长点，促进其学习。

（3）通过生动有趣的故事情节创设问题情境

在化学教学中，有些理论知识内容是抽象难懂的，这就要求教师创设悬念，激发学生的探究热情，以使课堂生动有趣。

（4）通过分析相关数据变化规律创设问题情境

教师引导学生搜索信息、分析数据、总结规律，增强概念原理的说服力，使学生更容易掌握，使教师的教学更加严谨。在这个过程中，学生分析、概括、抽象、推理及演绎能力将得到提高。

（5）通过多媒体技术创设问题情境

多媒体技术在化学教学中的应用，不仅可以增大信息传输的容量，提高信息的可信度，而且能为学生提供丰富多彩的视听环境，提高学生的学习兴趣。因此，借助多媒体技术来呈现问题，可以使抽象枯燥的问题变得具体、鲜活，激发学生的积极性。

2.问题解决教学设计的其他策略

教学策略是指在不同的教学条件下，为达到教学目的所采用的教学方式、教学方法及教学媒体等的总和。在问题解决教学中，还可采用以下几个策略：

（1）先行组织者教学策略

奥苏贝尔认为，能促进有意义学习的发生和保持的最有效的策略，是利用适当的引导性材料，对当前所学新内容加以定向与引导。这种引导材料就是先行组织者，其便于建立新旧知识之间的联系，从而能对新学习的内容起到固定和吸收的作用。

（2）情境—陶冶教学策略

这是由保加利亚心理学家乔治•洛扎诺夫（Georgi Lozanov，简称“洛扎诺夫”）首创的，也被称为暗示教学策略。这一策略主要是通过创设某种与现实生活类似的情境，让学生在思想高度集中但精神完全放松的情境下进行学习。学生通过与他人充分交流与合作，提高合作精神和自主能力，从而达到培养人格的目的。该教学策略主要有如下几个步骤：

第一，创设情境。

教师通过语言描绘、实物演示和音乐渲染等方式，或利用教学环境中的有利因素，为学生创设一个生动形象的情境，激起学生的情绪。

第二，自主活动。

教师安排学生加入游戏、唱歌、听音乐、表演、操作等活动中，使学生在特定的气氛中积极主动地从事各种智力操作，在潜移默化中进行学习。

第三，总结转化。

通过教师启发总结，学生领悟所学内容的情感基调，达到情感与理智的统一，并使这些认识和经验转化为指导自身思想和行为的准则。

（3）以“整体”求“结构化”教学策略

问题解决教学模式使教学从封闭走向了开放。教师在设计教学过程中，要研读课标，把握重难点和核心内容，立足于课程的整体目标，把握化学学科的基本结构，实现教学的结构化。

（4）示范—模仿教学策略

该策略主要用于动作技能类的教学内容，具体包括四个步骤，即动作定向（教师示范）—参与性练习（在教师指导下）—自主练习—技能迁移（可与其他技能组合，形成更为综合的能力）。

（三）问题解决教学设计案例

1.关于计算血糖的物质的量浓度

（1）教学目标

知识与技能：巩固并灵活运用物质的量浓度概念；把物质的量浓度纳入相关概念的知识网络中，形成新的知识结构；能够进行物质的量浓度的相关计算；了解血糖浓度标准。

过程与方法：通过体验问题解决过程，逐步提高捕捉信息的能力、与人合作的能力和自主解决化学问题的能力。

情感态度与价值观：通过小组讨论、查阅资料，进一步形成团结协作意识和自主解决问题意识；通过对血糖、糖尿病的讨论，增强健康意识。

（2）问题设计

①问题表述

人体血液中所含的葡萄糖，被称为血糖，正常水平的血糖对于人体的组织器官的生理功能极其重要，人们可根据某人血液中的血糖质量分数，初步判断其血糖浓度是否正常。

②设计意图

第一，问题以计算人体血液中的血糖浓度为背景，其目的是体现物质的量浓度的计算在实际生活中的应用及其重要性。

第二，学生通过对血糖浓度的判断，将化学与生命科学有机地结合起来，使学生意识到养成良好生活习惯的重要性。

第三，最重要的目的是通过解决问题，巩固物质的量浓度相关知识，建立新的知识结构，促进知识迁移，培养学生解决问题的能力。

第四，教师故意隐去葡萄糖的分子式、血糖浓度正常范围等必备条件，其目的是锻炼学生捕捉信息的能力并促使其主动查阅资料。

（3）任务分析

①问题分析

问题结构分析：该问题初看像是一个结构不完整的问题，其中有很多条件都没有明示，如葡萄糖的分子式、血糖浓度正常范围等。但这些都是隐性条件，而且都具有特定的值。因此，这是一个结构良好的问题。

问题领域知识：主要涉及的概念是质量分数、密度、物质的量浓度等，其中，物质的量浓度又涉及物质的量、体积等；根据葡萄糖的分子式确定相对分子质量。

问题情境特征知识：葡萄糖的分子式、判断血糖浓度的正常范围。

一般策略知识：算法式（数学逻辑推理、数学模型）策略。

②学生起点能力

知识：学生已经系统学习过质量分数、密度、体积、物质的量、物质的量浓度等概念，对概念的理解难度不大；学生已经能够根据分子式确定其相对分子质量；学生已具备一定的相关数学知识和数学逻辑推理技能。

知识结构：学生虽然都学习过该问题涉及的关键概念，但概念间的相互联系未必清楚，即这些知识还未形成牢固的联系，知识的结构化程度不高。

③问题解决的主要障碍

问题表征障碍：学生未必能够意识到问题的隐含条件，从而全面理解问题；相关概念不能形成有效的知识结构。

策略选择障碍：学生采用算法式策略应不成问题，但在数理逻辑推理上可能有一定障碍。

2.关于灭火的原理和方法

（1）教学目标

知识与技能：了解火灾的危害；认识燃烧的条件和灭火的原理；能够在特定情境下选择恰当的灭火方法。

过程与方法：学生通过对燃烧条件的探究，体验信息获取和自主解决问题的过程。在解决如何灭火的问题中，进一步提高独立思考的能力、与人合作的能力和问题解决的能力。

情感态度与价值观：在自主解决问题以及与同学合作交流讨论中，体会学习化学的乐趣和价值；通过对火灾的了解，增强社会责任感。

（2）问题设计

①问题表述

问题表述：如何灭火。

②设计意图

设计意图包含以下内容：

第一，问题以火为背景，主要是让学生了解火灾的危害，增强社会责任感。

第二，引导学生在解决如何灭火的过程中，获得燃烧条件和灭火原理的知识。

第三，学生通过对燃烧与灭火的情境观察，了解解决开放性问题的过程和方法。

第四，学生在开放性条件下解决问题，有利于培养学生独立思考与合作交流的能力。

第五，问题涉及的知识非常丰富，有利于培养学生的创造性思维能力和发散性思维能力。

（3）任务分析

①问题分析

问题结构性分析：这是一个典型的综合开放性问题，是条件、结论、策略和内容开放的组合。

问题领域知识：该问题的知识涉及面非常广，不仅包括化学知识，而且包括物理知识和社会知识等多方面的知识。

问题情境特征知识：该问题的条件是开放性的，所以其问题情境需要学生在独立思考和交流讨论的过程中，根据自身的相关知识结构来确定。

一般策略知识：主要使用启发式问题解决策略及具体领域问题解决策略（如多向思维策略等）。

②学生起点能力

知识：在学习本案例前，学生应该具有一定的化学、物理等学科知识，以及一些关于灭火的社会知识。

知识结构：解决这个问题需要学生运用多学科知识的能力，因此要求学生根据问题构建多学科的知识网络。

③问题解决的主要障碍

问题表征障碍：问题的表征障碍主要在两个方面，其一是对特定问题情境的创设，其二是多学科知识网络和知识结构的构建。

策略选择障碍：策略的选择障碍主要是在学生的发散性思维能力上。

第三节 化学教学策略的设计

一、根据学习结果分类的化学教学策略设计

（一）化学事实性知识的教学策略

所谓化学事实性知识，是指与物质的性质（包括物理性质和化学性质）密切相关的反映物质的存在、制法、保存、用途和检验等多方面的知识，也就是人们通常所说的元素及其化合物知识，这一类知识的主要教学策略如下：

1.理论指导策略

例如，化学教学中，元素周期律对学生学习元素及其化合物知识具有指导作用。教师在教授元素及其化合物知识时，可运用已学的元素周期律、结构决定物质的性质等化学理论进行演绎推理，引导学生概括出某主族元素的通性和性质递变规律，并根据某物质的结构特征预测其性质、存在和用途。

2.直观教学策略

对于事实性知识的学习，学生往往感到易学难记，难以形成清晰的印象和完整的结构，这与事实性知识点多面广、条理性差的特点有关。因此，教师应充分利用各种实物、模型、图表、化学实验和教学媒体，运用多种教学手段，帮助学生明确感知化学事实，加深对事实性知识的印象，便于学生理解记忆。

（1）印证知识，强化记忆

第一，运用化学实验进行教学。

在做铝与稀盐酸反应实验时，教师可以在反应过程中让学生触摸试管，感受发热情况，学生不用死记硬背就可理解什么是放热反应。

第二，运用模型进行教学。

在有机化学中，教师可以运用分子的球棍模型或比例模型，来帮助学生理

解各类有机化合物的空间结构，教师直观展示分子的结构和原子间的连接方式，有利于突出重点，突破难点。

（2）创设情境，激发兴趣

创设情境，就是教师要把学生的注意力集中到当天所要解决的问题上来，使学生的心理活动处于“观察—兴趣—疑问—思维”的积极状态，使“注意”与“思维”处于高度活跃状态。

（3）探究知识，启迪思维

教师在化学教学中，利用学生的好奇心及其想要探索其中奥秘的愿望，可以启迪学生的思维，使学生一直处于探究、积极思考之中。教师采用实验教学，可以使学生在观察实验现象的同时，思考并解释现象产生的原因。

3.知识网络策略

实践表明，对于化学事实性知识，教师可以根据教材的编排特点及知识之间的内在联系，帮助学生将所学的知识串成线，连成网络，理解内在联系。

4.联系实际策略

运用知识解决问题是教学的最终结果之一，也是学生掌握知识、深化知识的有效途径。教师结合化学在生产、生活中的实际应用来讲解化学知识，既能激发学生的学习兴趣，又有利于开阔学生的视野，帮助学生理解知识、掌握知识，提高学习效率。例如，讲解酸雨与古建筑物、雕塑损坏的关系，用一种试剂区别一组物质，讲解火箭发射升空与化学反应的能量关系，等等。以上这些，能够使学生深刻地体会到学有所用的乐趣。

（二）化学理论性知识的教学策略

1.化学基本概念教学策略

化学基本概念是化学知识体系中的基本单元，是知识网络中的“节点”。构建化学基本概念之间的联系有利于促进学生化学知识的结构化和系统化，有助于学生运用化学知识解决化学问题。

（1）概念的形成策略

概念的形成是指学生从大量同类事物的具体例证中，以辨别、抽象、概括等手段获得同类事物关键特征。可以运用以下几种方法，获得概念的形成：

第一，学生通过生动的直观形象，感知所学概念的有关信息。这些生动的直观形象可以是教师的演示实验、图表、模型、投影、录像及多媒体课件等。例如，教师演示“镁条燃烧”“石蜡燃烧”等实验，让学生在实验现象对比中，感知物理变化和化学变化的本质特征在于有无新物质的生成，从而形成物理变化和化学变化这两个概念。

第二，分析化学概念的关键字和词，把握特征信息，将有关知识抽象化。例如，教师在进行“电解质”概念的教学时，可找出其中的关键词并加以分析，使学生能够对特征信息进行抽象理解，有助于学生对概念的内涵与外延的掌握。

第三，引导学生深化概念，在运用中建立概念系统。例如，学生在学习“化学平衡”概念以后，教师可以让学生通过对比“电离平衡”“水解平衡”“沉淀溶解平衡”等，找出它们之间的共同特征，从而使学生建立平衡概念系统。

（2）概念的同化与顺应策略

化学概念的同化是学生把所学的化学概念纳入已有认知结构中的适当的概念图示中，学生的知识概念系统化、结构化，而原有的概念的本质属性没有发生改变。例如，教师在讲授“烃的衍生物”时，首先列举出一些已学过的简单有机化合物，激活学生原有知识结构中的有机化合物的概念。教师通过分析、归纳，强调“烃和烃的衍生物”都属有机化合物，把“烃和烃的衍生物”的概念纳入学生已有的有机化合物认知结构中，反映新旧概念间的本质关系。

化学概念的顺应是对学生原有认知结构进行调整、改造和重建，即深化其内涵，或扩展其外延，以适应新概念的学习。例如，在学习“元素与原子”的概念时，学生由于受到所学知识的限制，在头脑中很容易不自觉地形成“一种元素只有一种原子”的错觉；在讲授“同位素”的概念时，教师就要帮助学生修改原有的认知结构中的元素与原子的关系，从而构建新的合理的认知结构。

这就是概念的顺应。

（3）概念的情境优化策略

化学概念具有抽象性和概括性，在概念教学过程中以和谐、优化的教学情境为基础，可以帮助学生更好地理解和掌握概念。

化学概念教学情境可分为两类。一类是感性情境，即充分发挥化学学科的特点和优势，通过演示实验、展示模型、绘制图表、运用比喻或拟人等教学方法，结合现代化的教学手段，如投影、录像、多媒体等，学生充分获得对形象材料的感知，教师创设感性情境，激活学生的思维，为感性材料上升到抽象概念创造条件。另一类是理性情境，即在感性情境形成初步感知的基础上，师生共同通过分析、归纳、抽象和概括等思维活动，提炼出本质属性，剔除其非本质属性，从而形成概念。例如，教师在讲授“离子键”的概念时，先演示钠在氯气中燃烧，生成稳定的氯化钠的实验，然后用原子结构示意图展示氯化钠的形成过程，创设概念的感性情境，最后运用概念的理性情境，通过分析氯化钠的稳定性是由于钠离子与氯离子存在静电作用，从而概括出离子键的概念。

（4）概念的阶段性与完整性策略

在化学教学中，有些概念的教学往往不是一次就能完成的，而是随着学生知识的积累和认识能力的提高而逐步完善的。例如，教师在教授“氧化还原反应”的概念的过程中，应注意这个概念的阶段性含义及适用范围，通过逐步学习，学生才能形成对这个概念的完整认识。教学中切忌一步到位、急于求成，而随意地提高教学难度，否则，学生由于缺乏必要的学习准备，思维必然会紊乱，造成认知上的失调。因此，在概念教学中，教师需要全面而准确地把握学生的知识基础，遵循学生的认知顺序和心理顺序，充分把握概念教学的阶段性和完整性之间的辩证关系。

2.化学基本理论教学策略

化学基本理论与概念不同，因为基本理论包含着有意义的、彼此相关的概念的组合，而这些概念的组合都具有命题的性质。化学概念的学习是基本理论学习的前提和基础，而基本理论是对概念的演绎和发展，二者相辅相成，共同构成了化学学科的基础理论。因此，化学基本理论的教学，不仅是对概念的升华，而且是化学计算的理论依据。化学基本理论教学，应注意以下几种教学策略的应用：

（1）实验探究策略

实验探究策略强调化学基本理论教学必须充分利用化学实验这个独特的教学手段，教师让学生观察演示实验，或学生独立实验，从实验现象的分析中认识、把握化学反应的规律，得出结论，并通过讨论和应用，掌握理论的实质。这种学习方式符合学生的认知规律。例如，在“质量守恒定律”教学时，教师可充分利用演示实验，帮助学生总结出“反应前后质量不变”的结论，从而得出质量守恒定律。

（2）活动探究策略

活动探究策略强调在化学基本理论的教学过程中，教师先让学生展示他们已经知道的知识（有关的概念、理论等），再让学生提出问题，学生带着问题，自主地开展探究活动，如查阅资料、搜集信息、实验验证、网络查询、实地考察等，然后整理所有信息，针对某一核心问题提出自己的见解，最后通过教师的引导，建立对理论的认知结构。

（3）自学辅导策略

自学辅导策略强调学生自主地、主动地学习，教师只给予适当的辅导和帮助。这种策略需考虑学生的主观能动性和接受能力。例如，对于“元素周期律中同周期、同主族元素性质递变规律”的教学，教师就可以采用此策略。首先，教师印发自学提纲，组织学生自学并讨论。然后，让学生进实验室自己做实验，观察现象，归纳概括，教师释疑。最后，组织学生进行讨论，完成提纲内容，教师收阅、评分。

（三）化学技能性知识的教学策略

化学技能性知识是指学生运用习得的知识和经验，通过反复练习而形成的能顺利完成某种任务的活动方式与知识内容，主要包括化学用语技能、化学计算技能和化学实验技能。这部分知识的总教学策略是要在“理解”、“练习”、“熟练”和“准确运用”上下功夫。

1.化学用语技能的教学策略

化学用语普遍比较抽象，需记忆的东西较多，学生学习时容易感到有些枯燥，为提高学习效果，教学时可运用以下策略：

（1）分散难点，循序渐进

例如，教师在讲解“离子方程式”的书写时，必须先检查学生以前学过的离子符号的书写情况、酸碱盐的溶解性表的背诵情况，然后在讲解强电解质和弱电解质的概念时，必须要求学生能够区分强电解质和弱电解质。只有做好这方面的铺垫，才能让学生掌握离子反应发生的条件，最后学生才有可能学好离子方程式的书写。

（2）理解含义，激发兴趣

学生只有理解了化学用语的含义，无论是记忆方面的，还是实际解决问题方面的，才会感到学习化学的轻松，从而产生学习化学的兴趣。因此，教学过程中，教师要调动学生的积极性和主动性，挖掘学生的潜能。

（3）反复练习，落实技能

学生只有在全面理解化学用语含义的基础上，把这些知识熟练地、准确地运用到实际的问题解决中，才会掌握该项技能。由此，教师必须让学生通过反复练习，落实技能。

2.化学计算技能的教学策略

化学计算技能是指学生依据化学知识，运用所学方法，从量的方面来解决化学问题的熟练程度和技能、技巧，它通常通过习题教学来进行。

（1）理解概念和原理，掌握定义式

化学计算是以“物质的量”为核心的计算，所以必须理解“物质的量”这个概念，并且要理解与之相关的几个概念，如“摩尔质量”“气体摩尔体积”“阿伏伽德罗常数”“物质的量浓度”等概念的关系，从而形成一些基本的定义式。然后对这些基本定义式的使用条件和适用范围进行分类，分步练习。教师在教学过程中要提醒学生特别注意的是，运用定义式计算时，在头脑中的表征形式应为这些公式的含义，而不仅仅是数学意义上的计算公式的套用，因为每个公式都有特定的单位换算。

此外，除了让学生掌握基本的定义式及其运用外，还必须让学生清楚不同的计算公式之间的量的关系，即形成有关化学计算的知识网络。

（2）重视解题思路，进行习题训练

化学计算的解题思路基本为：读题—审题—析题—列式—计算—答题。教师要让学生要重视解题思路，多加练习。

（3）介绍解题方法，优化解题思路

教师通过讲解典型例题，从多种角度进行解题（即一题多解），从中选择出最快、最简洁的解题方法。一方面，加强和巩固学生对相关化学概念和原理的理解，另一方面也对学生的思维进行了训练。例如，通过总结十字交叉法的计算适应范围，可提高学生的解题速度，优化解题思路。

3.化学实验技能的教学策略

化学是一门实验科学，培养学生的实验技能不可或缺。实验技能教学有助于学生理解化学的基本概念和原理，培养学生科学的研究方法和思维能力。

（1）化学实验观察技能的教学策略

实验观察是获得化学实验事实的根本方法，是认识反应原理及变化本质的出发点。离开实验观察，就无法感知实验中所产生的宏观现象，也就不能提出任何化学问题。

第一，有目的地、有顺序地、全面地观察。

有目的地观察是指教师要指导学生明确观察什么、怎么观察，从而明确实验目的、观察对象及内容，有利于学生掌握观察的步骤和方法。特别要注意的是，对于较为不明显的现象，教师可先提示学生，这样才能取得良好的效果。

有顺序地观察是指教师要指导学生明确先观察什么、后观察什么。无论是演示实验，还是学生实验，都要有计划地、有步骤地、有指导地观察。

全面地观察是指教师要求学生在实验观察过程中，运用多种感官，从多角度、多方面感知现象，同时，要求学生不仅要观察现象，还要观察试剂的颜色、状态和保存方法等。

第二，将观察与思维相结合。

观察只有同思维结合，才能真正达到实验观察的目的，否则，学生对实验现象的观察达不到掌握知识、形成能力的目的。

（2）化学实验基本操作技能的教学策略

化学实验基本操作技能包括使用化学仪器的技能和仪器组装操作技能。此技能重在实际操作，可按以下三步达成：

第一，规范演示，学生模仿。

第二，反复练习，形成技能。

第三，灵活运用，发展技能。

（3）化学实验设计技能的教学策略

化学实验设计技能是化学实验的最高层次，它要求学生在实验前根据一定的实验目的和要求，综合、灵活地运用有关的化学知识和技能，对实验中的各个环节进行科学、合理、周密、巧妙，甚至是创造性地规划。它体现了学生综合运用化学知识和技能解决实际问题的能力。这样不仅能够巩固知识，而且能够培养学生掌握科学研究的方法，培养学生良好的科学态度。

第一，利用教材，将演示实验、学生实验转化为实验设计问题。这种策略难度不大，可以在训练初期帮助学生了解实验设计的步骤和操作，形成基本的设计思想和方法。

第二，充分利用实验习题。实验习题是极好的实验设计素材，教师应重视每个学生的设计思想，并给予科学评价，帮助学生确定其中的最佳方案。

第三，挖掘教材的问题，寻找实验设计知识点。如果教师抓住这个契机，让学生设计实验并验证，则效果更佳。

第四，鼓励学生改进实验，提高实验设计能力。化学中有的实验现象不太明显，或实验操作要求高，常常给学生的实验带来不便。教师应鼓励学生改进实验，提高实验的设计能力。

（四）化学策略性知识的教学策略

策略性知识的概念前文已经提到，本处化学策略性知识即如何学好化学的知识。策略性知识的教学就是教师根据学生的实际情况和教材的内容指导学生“学会学习”，即授人以鱼，不如授人以渔。前面介绍的都是知识习得和技能形成的教学策略，而策略性知识的教学往往是穿插其中的。知识习得和技能形成的教学策略是局部的学习方法，策略性知识的教学则是从全局上把握学习的方法，它是对局部的学习、同类内容的方法的概括和统摄。

化学策略性知识总是同时存在于化学教学内容之中的，因而根据相应的知识和技能教学，可采取两种常见的教学策略。

1.概念学习策略的教学策略

概念学习策略从根本上说是揭示概念的内涵，把握概念的外延。因此，在概念学习策略的教学过程中，应注意以下策略：

（1）揭示概念的内涵，抓住概念的关键特征

让学生能够用准确的语言和明确的文字揭示概念的内涵，抓住概念的关键特征。例如，教师在教学“可逆反应”的概念时，让学生抓住在“相同”的条件和“同时”这两个关键特征，就能揭示这个概念的内涵。

（2）恰当运用正例和反例，强化概念认知

在教学中，引导学生运用正例和反例是必不可少的。正例有利于学生概括出共同特征，反例有利于学生辨别出非本质特征和无关干扰特征，有助于加强对本质特征的理解。

（3）适当练习，及时反馈

学生会说、会背概念并不能表示已掌握了概念，只有教师及时地安排一些练习，让学生在实际运用中体会概念的含义，并及时反馈，纠正学生对概念理解的偏差，才能说明学生真正掌握了概念。

2.元素及其化合物学习策略的教学策略

（1）重视结构与性质的关系

对于具体的元素及其化合物知识的学习，教材总是按存在、结构、性质（物理性质和化学性质）、检验、制法（或合成）和用途等几个方面介绍的，这些方面的关系如下：物质的结构决定其性质，而物质的（化学）性质决定其存在、制法和用途。通过学习这些方法，学生可以形成较系统的认知结构，从而有利于形成知识结构。

（2）重视元素周期律的理论指导及相关方法的学习

元素周期律对元素化合物知识具有指导作用，通过这一部分的学习，学生可以对所学元素化合物等化学知识进行综合、归纳，从理论上进一步认识、理解。教学中，教师可让学生采用概括和归纳法，掌握某一族元素的周期性变化规律；教师还可采用演绎法，利用元素周期律推断和预测元素化合物的一般规律性知识，在总结共性的基础上处理好元素的特性。总之，教师应调动学生的思维，把教学落实到实际的训练和知识运用之中。

3.技能训练策略的教学策略

技能包括动作技能和智慧技能，练习是学生技能形成的一个重要的途径。常用的教学策略有以下方面：

（1）明确训练的目的，掌握有关技能的基本知识

教师讲解技能的基本知识、示范技能的基本操作，是学生掌握技能的前提；而让学生明确训练的目的，是提高学生练习的积极性和主动性的内部动因，这两方面的结合可以提高训练的效果。

（2）循序渐进，讲究训练的时间和次数的分配

技能的形成是有计划、有步骤地训练的过程，通常包括以下步骤：

第一，学生在教师的指导示范或举例讲解下，理解技能的基础知识。

第二，学生练习掌握基本的操作要领或解题思路。

第三，学生反复操作练习或变式习题训练。此过程中，教师要提醒学生切忌机械操作或题海战术，必须有积极的思维过程。

第四，注重局部训练后的技能间的连接，使局部训练连成一个整体，使学生的训练达到自动化，从而便于灵活运用和迁移。

第五，讲究训练的时间和次数。此过程中，教师应视学生的具体情况及练习的复杂程度而定，练习越复杂、学生基础越差，每次训练的时间和多次训练的总时间就越长。

第六，掌握正确的练习方法，让学生及时反馈，强化训练效果。只有学生及时反馈，才能及时纠正学生的错误和认知偏差，保证训练的准确性。总之，应以提高学生的训练效果为标准和目的。

（3）掌握程序性知识，形成一定的认知结构

技能训练和培养，就是使学生了解某种类型问题的解决规则、方法和步骤，经过反复训练和强化，学生形成对这类问题与操作稳固的联想，即一定的认知结构。那么在解决同类问题时，学生就可得心应手，顺利完成，即形成了智慧技能。

4.记忆训练策略的教学策略

记忆的品质包括记忆的敏捷性、准确性、持久性和准备性，只有当学生这四方面的品质都达到发展的时候，即记得快、准、牢、活，才可以说其具有良好的记忆品质。记忆常用的训练策略有以下方面：

（1）科学地识记

第一，提高识记的目的性。

教师要明确告诉学生识记的目的，强调学习的重点和难点，激发学生的学习动机，调动学生的学习积极性，确保识记材料更清晰、更准确、更全面。

第二，提高识记的理解程度。

理解是意义识记的基础，意义识记的效果明显优于机械识记，意义识记可以提高识记的品质。

第三，重视记忆方法在识记中的作用。

识记通常有部分识记与整体识记之分，例如，在学生记忆“钠及其化合物的转化关系”时，教师可让学生先运用部分识记的方法，记忆钠单质、氧化钠、

过氧化钠、碳酸钠与碳酸氢钠的化学性质，然后让学生根据整体识记方法，找出钠单质与钠的氧化物及钠盐之间的主线关系，从而识记钠元素及其化合物的知识网络图，形成认识结构。

在识记的方法方面，教师可让学生采取多感官协同活动，也可采用一些记忆术，来帮助识记。多感官协同活动，即综合运用视、听、触觉等提高识记的效果。这种方法在通过实验来识记物质的物理性质和化学反应现象中的效果非常明显。在记忆术方面，学生可利用口诀、谐音记忆法等，也能明显提高记忆的效率。

第四，合理安排学习的程度。

实验表明，低度学习和100%的学习最易发生遗忘，而过度学习有利于保持，最佳的过度学习量是150%。例如，开始学习“离子方程式的书写”时，学生对于何时写物质的离子符号、何时写化学式难以把握，虽然有的学生也能熟背化学常见的酸、碱、盐溶解度，但缺乏对物质溶解性的理解与运用。因此，教师可以设计一些涉及面较广的离子反应习题，让学生通过过度学习来巩固溶解度的识记及离子方程式的书写方法。

第五，教会学生做笔记。

做笔记实际上是把复述、组织等许多功能结合在一起，笔记还能为以后的复习和回忆提供材料，做笔记不仅有利于知识的记忆，更有利于知识的重新组织。

（2）合理地再现

再现是对知识的提取，包括再认和回忆。

第一，重视对材料的复述。

单纯的复述仅仅是把原有内容表达出来，没有学生自己的加工，如对元素符号及名称的识记，通常可采用这种方法。而经过加工后的复述，是学生在保持原有材料意义的前提下，经过组织、加工，用自己的语言将材料表达出来。一般来说，经过加工后的复述，对材料的保持效果更好，更容易提取、再现和灵活运用。

第二，善于运用联想和推理的策略。

联想是心理上由一件事物想起其他事物的活动。联想可分为四种，即对比联想、因果联想、类似联想和接近联想。训练学生运用联想的推理，揭示事物间的本质联系和规律，可以使有组织的材料更清晰、更具有可辨性。

第三，科学地复习。

教师要提醒学生及时复习所学的知识。根据遗忘的特点，及时复习可以减少知识的遗忘，使学生所识记的知识得到及时的巩固。根据化学知识的特点，只有及时复习与整理，化零碎知识为整体，逐渐积累，分散记忆的负担，才有利于形成系统的、完整的知识结构。

第四，复习形式要多样化，合理地分配复习时间。

在复习时，学生可以采用反复阅读、回忆、列表、归纳总结、联想、分类、对比和整理课堂笔记等多种形式，注意复习时间的分配，采取连续的（或间断的）及时复习、延时复习等方式，对所学材料进行加工。这样做既可提高学习兴趣，又有助于把学习材料更好地纳入原有的知识结构中。

（五）化学情感态度类内容的教学策略

情感态度类内容是指对学生情感意念、品格和行为规范产生影响的一类教学内容，这部分内容的教学策略主要是结合知识和技能教学，采用渗透的方法进行教学，通常在以下方面进行渗透：

1.结合德育教育，进行辩证唯物主义和爱国主义教育

辩证唯物主义是科学的世界观和方法论，对化学教学研究具有重要的理论指导作用。教师必须坚持用辩证唯物主义的基本观点处理教材，对教材内容进行深入分析、认真挖掘，从而使学生形成科学的世界观。教师对学生进行爱国主义教育，必须注意结合实例，通过数据分析、历史性意义分析及当前科技发展状况等来感染学生，激发学生的爱国热情，培养学生逐渐养成为祖国的振兴而发奋努力读书的优秀品质。

2.结合化学实验教学，进行科学态度和科学精神教育

无论是演示实验、边讲边实验，还是学生实验、家庭小实验，都是培养学生科学态度和科学精神的独特方式。化学实验要求学生必须细致观察，规范操作，如实地进行实验记录，分析现象并进行合理推论，以上这些要求需要学生具有严谨务实的科学态度和坚持不懈的科学精神。此外，通过实验教学，还可以培养学生的协作精神和创新精神。

3.渗透可持续发展思想，进行环境意识和环境保护思想教育

可持续发展思想强调的是环境与经济的协调发展，追求的是人与自然的和谐，只有在教学中渗透可持续发展思想，增强环境保护意识，才能帮助学生更好地适应社会的发展，具体包括以下几个方面：

第一，结合教学内容，进行环境意识和环境保护思想教育。

第二，结合本地实际，进行环境意识和环境保护思想教育。

第三，结合最新科技成果介绍，进行环境意识和环境保护思想教育。

二、根据学习方式分类的化学教学策略设计

（一）基于科学探究的教学策略

1.科学探究学习的特点

（1）以问题为中心

问题是科学探究的开始，一切科学探究活动都是围绕问题而展开的，没有问题就没有所谓的探究。问题可由学生提出，也可由教师提出。教师要善于创设问题情境，通过阅读教材、实验、观察等多种途径，引导和鼓励学生主动发现和提出问题，在教学中以问题为中心组织教学，将新知识置于问题情境中，使学生获得知识的过程成为学生主动提出问题、分析问题和解决问题的过程。

（2）重视搜集实证资料

实证资料是对探究获得的结果做出科学合理解释的依据。因此，在探究活

动中，应重视搜集实证资料。学生搜集实证资料的途径主要有：观察具体事物，描述其特征；测定物质的特性，并做好记录；实验观察和测量，并做好记录（包括物理变化、化学反应、反应条件和实验现象）；通过询问教师，翻阅教材，上网搜索，调查、访问，查阅书刊、文献等途径，获得实证。

（3）强调交流与合作

学生个体无论是在学习方式、知识背景方面，还是在思考问题的方式和认知水平等方面都存在差异，对同一个问题可从不同侧面、不同角度去认识，因而可能存在认识上的局限性和片面性。加之探究本身具有开放性，探究的途径和方法可能多种多样，有必要让学生通过交流讨论扩大视野，取长补短，克服认识上的局限性和片面性，达到对所学知识的正确理解。

2.科学探究学习的教学模式

组织和实施科学探究学习的教学模式有多种，而且不是固定的、一成不变的，教师应根据特定的学习者、具体的教学目标和学习环境的不同，做出规划或调整，但科学探究的教学模式应包括以下共同的阶段和内容：

（1）关注—参与阶段

让学生参与围绕科学问题、事件或现象展开的探究活动，探究活动要与学生已有的认识相联系，教师要设法创设真实的情境，引起学生的思维冲突。

（2）假设—推理阶段

引导学生根据问题情境和思维冲突，做出尽可能多的推理和假设。

（3）实验—探究阶段

让学生动手做实验，探究问题，形成假设并验证假设，解决问题，并为观察结果提供解释。

（4）解释—验证阶段

让学生在相互讨论和交流的基础上，分析、解释数据，并将各自的观点进行综合，构造模型，学生可利用教师和其他来源所提供的科学知识阐述概念及其解释，验证假设。

（5）应用—评价阶段

学生拓宽新的理解、发展新的能力，并将所学知识运用于新的情境中；学生和教师共同反思并评价所学内容和学习方法。

3.科学探究学习的教学策略

第一，教师创设问题的情境要与学生的生活实际相联系，从学生熟悉的、感兴趣的现象、事实（包括实验）或经验出发。

第二，教师要尽量发散学生的思维，使他们能提出尽可能多的假设。对于学生已有认识的正误，教师不要立即给予评价反馈，只是作为一种观点保留。

第三，教师要为学生的探究活动提供力所能及的帮助。例如，提供实验仪器和用品，围绕问题情境的相关素材或资料，适时地点拨和引导等。

第四，学生探究活动结束后，教师要给学牛机会进行讨论、总结归纳，然后再组织小组间的汇报交流，最后得出一致性的结论。

（二）基于自主学习的教学策略

1.自主学习的特点

关于自主学习，根据国内外学者的研究成果，可将其特征概括为以下几个方面：

第一，学生提出并确定对自己有意义的学习目标，自己制定学习进度，参与设计评价指标。

第二，学生积极发展各种思考策略和学习策略，在解决问题中学习。

第三，学生在学习过程中有情感的投入，有内在动力的支持，能从学习中获得积极的情感体验。

第四，学生在学习的过程中对认知活动能够进行自我监控，并做出相应的调适。

2.自主学习的教学模式

（1）确定学习内容

学习内容既可由教师确定，又可由学生自己确定，学习内容应适合学生的自主学习。

（2）制订学习计划

学习计划包括参与确定学习目标、制定学习进度、选取思维策略和学习策略等。教师要加强对学生制订学习计划的指导。

（3）学习计划的实施

按照学习计划，学生在解决问题中去学习。活动场所既可在课堂内，又可在课堂外。在实施中，教师要注意学生的自我监控能力和良好的非智力因素的培养，发展学生的思维策略和学习策略。

（4）评价与交流

学生对学习的过程与结果进行自我评价，总结自身的经验与不足，并在小组或全班进行分享。教师给出积极的、鼓励性的评语，以增强学生自主学习的信心。

3.自主学习的教学策略

（1）营造民主、融洽、和谐的教学氛围

民主、融洽、和谐的教学氛围是学生自主学习能力发展的前提，这种氛围的基础是民主、平等的师生关系。这就要求教师尊重学生的主体地位，让学生生动、活泼、自主地发展，即尊重学生的个性、人格与权利。

（2）创设有利于学生自主学习的情境

教师可选取一些富有趣味性、挑战性的情境，让学生采取阅读、讨论、网络搜索、调查和访问等学习形式进行自主学习。

（3）培养学生的自主学习能力

在教学中，教师要注意培养学生自主参与的主体意识和自我监控能力，加强对学生自主学习活动的引导和帮助，让学生在自主学习活动中不断获得成功的体验，以此增强学生自主学习的动力和信心。

需要注意的是，学生自主学习不是说不要教师的指导，而是要在教师指导下进行能动的学习，这是学生自主学习与自学的根本区别。这种指导贵在动机的激发、方法的导引、疑难的排除，但也不能把教师的指导变成对学生主动参与教学的控制。否则，任何自主学习的教学策略都将失去意义。

（三）基于合作学习的教学策略

1.合作学习的含义

合作学习是指学生以学习小组为基本组织形式，充分利用教学动态因素之间的互助、互动，以小组的总体成绩为评价标准，共同达成学习目标的活动。

作为一种新的学习方式和教学观念，合作学习的主要活动是小组成员的合作学习活动，它先要制定一个小组学习目标，然后通过合作学习活动，评价小组总体表现。合作学习的展开，往往是在自学的基础上进行小组合作学习、小组内讨论的。合作学习的另一种形式是在小组合作学习的基础上进行全班交流和全校交流。

2.合作学习的教学策略

（1）学习小组是合作学习活动的基本单位

传统的班级授课制是以班级群体为教学活动的基本单位。与此不同，合作学习的基本单位不是班级群体，而是学习小组，以学习小组为教学活动的基本单位提高了单位教学时间内学生参与教学活动的概率。建立学习小组的关键是“组间同质，组内异质”。所谓的“组间同质”是指班级内部的若干学习小组整体学习能力相当，“组间同质”使以小组整体活动效果为主要评价指标的合作学习教学评价成为可能。所谓的“组内异质”是指学习小组内成员之间在学习能力和知识水平等方面存在一定的层次结构，“组间异质”使小组成员之间具有学习上的互补性。总之，具有一定层次结构的学习小组，是合作学习活动的基本单位。

（2）小组合作目标是组内成员合作的动力和方向

小组合作目标是凝聚组内成员的巨大力量，是推动小组成员积极活动的动力，也为小组成员的活动指明了方向。严格地说，没有共同目标作为合作基础的学习小组，只能被称为由若干个体组成的群体。这样的群体既不可能激发群体中个体的力量，又不可能通过规范个体行为，汇集群体中的个体力量，从而形成一股强大的力量，指向一定的目的和方向。

因此，小组合作目标可以称其为学习小组的关键因素，它具有凝聚、定向和规范的功能。

（3）组内成员间的分工协作是合作学习的基本活动形式

学习小组是建立在一定的共同努力目标的基础上的。小组内成员在学习能力和知识水平上的差异，使成员间的分工协作成为必要。分工是建立在对共同目标的合理分解上的，通过对共同目标的分解，目标实现的难易程度与承担相应目标的小组成员的知识能力水平相适应。适当的分工既有利于培养学生对小组共同目标的责任感，又有利于学生通过努力实现自己所承担的目标，进而体验成功的快乐。协作有利于培养学生现代社会所必须具备的团队精神。

（4）小组活动的整体效果是合作学习活动的主要教学评价指标

从一定意义上说，教学评价用于评定教学活动是否实现教学目标，以及实现教学目标的程度。学习小组是建立在一定共同目标之上的学习集体，共同目标的实现与否及其实现的程度，与小组全员的努力程度是分不开的。因此，对学习小组学习效果的评价，主要是对小组全体成员通过努力实现小组共同目标的评价，而不是对小组内每个组员实现各自所承担的目标的完成情况的评价。这种以小组活动的整体效果为主要指标的教学评价，不仅是“将共同目标作为建立学习小组的基础”这一事实的合理推导，而且是增强学习小组凝聚力、通过合作学习培养学生合作性竞争意识及团队精神的需要。

第四节 化学教学方案的设计

一、化学教学设计总成

前文讨论了化学教学目标设计、化学教学过程设计、化学教学策略设计的内容，使教学设计达到了比较深入和精细的程度。但是，这种局部设计往往忽略或者淡化了整体中各部分之间的内在联系，不能代替化学教学系统的整体设计。因此，有必要对这些专项设计和局部设计进行整合，即化学教学设计总成。所谓化学教学设计总成，是指对化学教学各环节局部设计的成果进行合成和综合。

化学教学设计总成不是设计之初的整体构思或整体设计所能代替的。因为整体的构思比较粗糙，具有模糊性和概括性，可操作性较差。如果把化学教学设计总成比作“最后完成的设计蓝图”，那么设计之初的整体构思只不过是一幅草图而已。

化学教学设计总成着重具体地处理好系统整体与部分、部分与部分，以及系统与环境之间的关系，力求使系统协调、和谐、自然，能有效地发挥其功能。因此，化学教学设计总成是一件十分重要的工作。

教学设计总成的基础和前提是做好各局部的教学设计。在总成时，首先要使各个功能性局部总成。例如，教学目标总成，使各领域的教学目标组成教学目标系统；教学策略总成，使各局部策略相互协调，形成教学思想统一的教学策略系统；教学活动总成，使各阶段活动、各领域活动相互衔接、相互配合，适当归并，不重复、不冲突、不脱节，形成自然、流畅的教学活动整体过程；等等。

接着，就是按照系统结构设计方案，使各局部设计组合成统一的有机整体。在这一过程中，教师常常要考虑到各教学阶段的教学目标设定、教学策略构思、教学媒体使用，以及教学活动的定向、发动、组织、开展、检查和调控的有机结合，并进一步考虑整体，即各阶段之间教学目标、教学策略、教学媒体和教学活动的协调和统一。

在总成阶段，通常教师还要对整个教学过程设计及各环节设计做艺术的审视、加工、调整和润饰，力求高效、可行，力求科学性与艺术性的统一。

化学教学设计总成的具体结果是编制出化学教学方案。

二、化学教案的编制

化学教案是以课时为单位设计的化学教学具体方案，是化学教师课时教学设计工作的成果。教案也被称为课时计划，产生于班级授课制。

（一）教案的类型及特点

从形式上看，目前公开出版的教案大致有两类。一类是以表格形式列出整个教学过程，表格中分为教师活动、学生活动和设计意图，同时列出教学过程中衔接的详细过程，如引言、设问、提问、板书、讲解、阅读等过程（或指导语），还列出一些教具和教学方法。这类教案的特点是文字较简练，教学思路清晰。另一类是以文字形式书写教学过程，最明显的特点是标明每个过程中的教学衔接，其中包括教具的使用。这类教案能够详细地反映整个教学过程，其教学设计寓于教学过程之中，读起来常常需通过思维加工才能领略其教学设计思想。这两类教案的前面都有一些程序性的格式，如教学目的（标）、教学重点和难点、课型、教学方法、教学过程等文字说明，有的教案还会加上一些教学准备和教学说明等。

这些教案基本上都来源于教学大纲或教师用书上的文字说明，特别是对教学目标的描述缺乏个性，缺乏对具体的教学对象的教学分析，教案给人的感觉不是教学生，而是教教材。造成这种情形的原因有三个，具体如下：

第一，教师缺乏对教学目标要求的细致分析。

第二，教师没有注意不同的教学对象的特征，没有采取不同的教学设计，缺乏对学生的起点能力的分析。

第三，教学设计的思路是内隐的，不能给人以明确的教学设计印象，即缺乏对教学策略的研究。

（二）推荐的教案规格

教案是对师生课堂上预期的教学活动的设计和描述。为了使师生在课堂上的活动受化学学习与教学规律的支配，根据上述教学设计理论，推荐以下教案形式：

教学内容：教学课题名称（注明采用的教材版本）。

第一，教学目标。

第二，教学重点。

第三，教学难点。

第四，教学方法。

第五，教学任务分析。

第六，实验用品与教学媒体。

第七，教学过程。

第八，板书设计。

第九，教学后记。

第三章 化学教学方法

第一节 化学教学方法概述

化学教学方法是化学教师在教学过程中，为了完成教学任务所采用的工作方式和学生在教师指导下的学习方式。

化学教学活动由教师、学生、教学内容和教学手段四个因素组成，教学手段包括教学方法和教学物质条件。这几个因素各有各的作用，它们作为一个有机的整体对教学活动起着决定性的作用。在一个班级里，教师和学生往往是固定的，教学内容和教学物质条件大体上也可以看作固定的因素，只有教学方法是灵活易变的因素。教师可以根据化学教学内容，学生的认知水平、兴趣、爱好和学校的物质条件，选择或创造合适的教学方法，以取得好的教学效果。当然，如果选用的教学方法不合适，往往会事倍功半，影响教学效果。因此，化学教学方法是化学教师发挥聪明才智、进行创造性劳动的重要领域，是化学教学改革的活跃因素。

目前，化学教学方法种类繁多，但由于分类的根据不同，不便于对比研究它们的特点和使用条件。

我国常用分析法研究教学，把教学体系分解成课程教材、教学原则、教学组织形式和教学方法四个因素，分别加以研究，然后在教学实际中综合应用。按照这种方法划分出来的化学教学方法有讲授法、谈话法、讨论法、演示法、实验法、练习法、读书指导法等。

西方国家常用综合法研究教学，提出了许多教学方法，如发现法、程序教学法、范例教学法、设计教学法等，这些不仅是教学方法，而且常常涉及教学原则、教学组织形式，甚至课程教材。

用分析法或综合法研究教学各有优点，后者比较合乎教学实际。因为教学本身就是一个综合体，难以把课程教材、教学原则、教学组织形式、教学方法完全分开，而且综合研究又有利于处理好教学体系中各种因素的关系。因此，目前我国化学教学方法改革中的新方法多属综合法，如“读读、议议、讲讲、练练”教学法、单元结构教学法等。

分析法的优点是化繁为简、化多因素为单因素。因此，用分析法研究教学有利于正确认识和把握教学方法的特点和规律，也便于初学者掌握。

为了讨论方便，下文把用分析法研究教学得出的化学教学方法称作第一类化学教学方法，把用综合法研究教学得出的化学教学方法称作第二类化学教学方法。

第二节 第一类化学教学方法

一、讲授法

讲授法是教师通过口头语言向学生系统地传授知识的一种方法。运用这种方法，教师可以将化学知识系统地传授给学生，学生在较短的时间内可以获得较多的知识，并发展自身的抽象思维。讲授法是一种主要的教学方法，也是当前化学教学中最基本的方法。一般情况下，其他各种方法都与它结合使用。讲授法的缺点是教师占用的教学时间较多，不利于发挥学生的主体作用，也不利于发展学生的技能。如果教师不善于运用启发式教学，未能做到所教知识的逻辑顺序与学生的认识能力和认知结构相适应，学生往往会陷入被动状态，机械地学习，死记硬背。这就是讲授法常被人称为“满堂灌”而经常受到批评的原因之一。

讲授法是教师通过口头语言向学生传授知识的方法，所以教师的语言水平对教学效果影响很大。例如，有些教师专业知识水平不低，备课也努力，但由于语言表达能力差，导致讲课学生不爱听，影响了教学效果。

教师运用讲授法教学时，要做到以下两点：

第一，教学语言应该清晰、准确、简练。教师运用讲授法教学时，语言既要有严密的科学性和逻辑性，也要符合语法规范，不做无谓的重复。

第二，教学语言应该生动，即教师讲课时要讲究语言的艺术性，善于运用比喻的修辞方法、抑扬顿挫的语调、恰当的姿势动作等，使语言富有感染力，从而激发学生的学习兴趣。这里应该注意，教学不是娱乐，教学语言的生动应以不影响教学的科学性和正常的教学秩序为限。

二、谈话法和讨论法

谈话法亦叫问答法，指的是教师按一定的教学要求向学生提出问题，要求学生回答，并通过问答的形式来引导学生获取或巩固知识的方法。讨论法指的是在教师指导下，全班学生或小组成员围绕某一个中心问题发表意见、相互学习的方法。这两种方法不是使学生从“不知”到“知”，而是引导学生根据已有知识、经验，通过独立思考去获得新的知识。因此，从学习的心理机制看，谈话法和讨论法都是属于探究性的教学方法。它们的优点是能充分发挥学生的主体作用，提高学生的思维能力和口语表达能力。

谈话法适用于所有年级，但低年级用得比较多。它一般用于检查学生的知识掌握情况，也用于讲授新课。教师做演示实验时，为了引导学生观察和思考，常将谈话法与其他教学方法配合使用。

教师运用谈话法教学时，要做到以下两点：

第一，教师在运用谈话法前要做好准备，拟好谈话提纲，所提问题要有启发性。如果教师需要通过一组问题来引导学生概括出某个结论，则准备的各问题之间应有严密的逻辑关系。

第二，教师要面向全体学生发问。教师发问时，要注意给学生充足的思考时间，所提问题的难度应与提问学生的水平相当。

讨论法常用于高年级，教师运用这种方法时，学生应当具备一定的知识基础和独立思考能力。教师运用讨论法教学时，要做到以下三点：

第一，教师要提前布置讨论题，明确讨论的要求，指导学生复习有关知识，搜集资料，写好发言提纲。

第二，教师要组织好讨论，鼓励学生勇于发表意见，相互切磋，并注意讨论需要围绕中心、紧扣主题。

第三，讨论结束后，教师要做好总结，提出需要进一步思考的问题，供学生学习和研究。

三、演示法

演示法指的是教师展示各种实物、教具，进行示范性实验，或采用现代化教学手段，使学生获取知识的教学方法。为了加深学生对学习对象的印象，使学生把理论知识与实际知识联系起来，激发学生的学习兴趣，化学课上常做演示实验，展示实物标本、模型、挂图，放映幻灯片、电影、电视录像等。教师做演示时必须结合一定的讲授，引导学生认真观察，并在此基础上提高学生思维能力，帮助他们形成正确的化学概念，加深对化学现象的本质的理解。

四、实验法

学生学习化学免不了做实验，实验法是化学教学的基本方法。化学实验可以分为演示实验、随堂实验、学生实验三大类，在化学教学中起着十分重要的作用。

五、练习法

练习法指的是学生在教师的指导下，依靠自觉地控制和校正，反复地完成一定动作或活动，借以形成技能、技巧或行为习惯的教学方法。练习法也是教学过程中一种重要的教学方法。在化学教学中，针对一些化学基本概念、化学基础理论、化学计算和化学实验操作等，均需要教师有计划地加强练习，以达到让学生巩固知识、训练技能、发展智力和培养能力的目的。

练习分口头（口答）练习、书面（笔答、板演）练习和操作练习三种形式。

在口头练习中，教师所提问题应具有启发性，不要提那些需要死记硬背或简单回答“是”与“不是”的问题。同时，教师还应对学生进行口头表达能力的训练，以使他们能够清晰、准确地回答问题。在书面练习中，为了提高课堂教学效率，教师最好选用选择题、填空题或计算题等学生书写文字量小的问题；为了训练学生组织思想、论述问题和文字表达的能力，教师也可以给学生布置化学小论文写作任务。操作练习主要是让学生动手做实验、组装模型等，训练学生做化学实验和组装模型的操作技能，是培养他们动手、动脑、解决实际问题的重要方法。例如，对于试管的握持、药品的取用等基本操作，教师就可以结合学生所学的化学知识、易错点出题，让学生进行有针对性的练习，使学生巩固所学内容；当学生学习有机化学缺乏空间立体观念，想象不出分子的空间结构时，教师可以让学生亲自组装分子模型，这会巩固和加深学生对分子结构的理解，也有利于提高学生关于微观粒子结构的想象力。

六、读书指导法

读书指导法指的是教师指导学生阅读教材和参考书，从而获取知识、发展智力的一种教学方法，是培养学生自学能力的一种好方法。书籍是传递文化、科学、技术知识的重要工具，阅读是学生获取知识的重要途径，阅读能力是自学能力重要的组成部分。学生有了一定的阅读能力，就能进行自学，提高学习效果。在教学实践中，阅读指导法往往要和其他教学方法结合运用，教师要根据不同的年级、教材的特点，采取不同的指导方式。

第三节 第二类化学教学方法

一、发现法

发现法要求学生在教师的认真指导下，能像科学家发现真理那样，通过自己的探索和学习，发现事物变化的因果关系及其内在联系，形成概念，获得原理。这种方法经过美国心理学家杰罗姆·西摩·布鲁纳（Jerome Seymour Bruner，以下简称“布鲁纳”）的倡导，于20世纪60、70年代在西方社会广泛流行。运用这种方法的关键，在于编制适于学生再发现活动的教材。发现法的基本的学习过程是：掌握学习课题（创造问题情境）—提出解决问题的各种可能的假设和答案—发现、补充、修改和总结。

发现法虽有一定的优点，但必须同其他方法一起使用，才能取得良好的效果。有研究指出，不能把学生的学习方法和科学家的发现方法完全等同。由于教师需要向学生揭示他们必须学习的有关内容，耗时长，故发现法是不经济的。由于发现法需要学生具有一定的知识经验和一定的思维发展水平，因此它并不是对任何阶段的学生都适用。同时，发现法还要求教材的逻辑较为严密、教师具有较高的水平并通晓化学学科的科学体系。

二、“读读、议议、讲讲、练练”教学法

“读读、议议、讲讲、练练”教学法的主旨是改变学生在学习中的被动状况，发挥他们的主体作用。“读”是指学生在教师指导下于课堂上阅读教材。“议”是指在学生阅读后，教师让学生议论阅读中发现的疑难问题。“讲”是指教师必要的讲授，它贯穿课的始终。例如，教师布置阅读任务时提出启发性问题，对学生的议论进行总结等。“练”是指教师在课堂上组织练习，组织学生做实验，以使学生巩固知识、提高技能。

显然，这种教学方法是根据以教师为主导、以学生为主体的教学原则，将读书指导法、讨论法、讲授法、练习法、实验法综合在一起形成的，体现了启发式教学的精神。“读读、议议、讲讲、练练”教学法如果运用得好，会取得不错的教学效果。

三、单元结构教学法

单元结构教学法是根据布鲁纳结构主义观点将教材重新加以组织，同时汲取发现法、讲授法等教学法的优点，创造出来的新教学方法。教师采用单元结构教学法进行教学时，需要在备课环节做好两项工作：第一，要以理论为主线，以实验为基础，将知识按内在逻辑联系组成不同的结构单元。第二，按结构单元编写指导学生自学的学习程序。

单元结构教学法一般按照下面的程序进行教学：

第一，教师启迪。

开始教学时，教师可以简要地介绍本单元的内容和重要性等，以激发学生的学习兴趣，使学生明确学习目的。

第二，学生自学。

课堂上，教师可让学生按学习程序自学，自学方式包括阅读教材、参考书，

做实验，做预习题，钻研学习程序上的思考题等。

第三，教师检查学生自学情况，组织讨论，进行重点讲授。

首先，教师可以通过让学生分享自学的成果、对学生进行提问等方式检查学生的自学效果，并组织学生在课堂上讨论有不同意见或自学理解不深刻的问题；然后，教师可以进行讲评、总结，并根据需要，对重点、难点内容进行讲解，最后布置课下作业。

第四，做好总结，形成知识体系。

在一个单元的学习结束时，教师要布置一些具有综合性的作业，如要求学生写一篇小论文等。这样做可以促使学生将已学到的知识进行分类、对比、概括、总结，使学生的知识系统化，从而形成较完善的认知结构。

教学实践证明，这种教学方法有助于实现“以教师为主导”与“以学生为主体”的统一，可以让学生比较好地掌握“双基”，培养学生的思维能力与自学能力。但是，如何划分结构单元，如何实现单元知识结构与学生认知结构的最佳配合等方面，还有待继续探索。

第四节 化学教学方法的适用性分析

每一种化学教学方法，无不是广大化学教育工作者艰苦探索的智慧结晶，它们经历了实践的检验，曾经或者将继续在教学中被广泛运用并显现其独特的价值。作为一种手段和工具，教学方法具有中性意义，只有将教学方法合理地运用于具体的情境中，才能真正显现出其特有的魅力。教学方法运用是否得当、效果是否显著，关键在于教师是否清楚各种方法的使用背景、优点与不足、适用条件。也就是说，教师要明白教学方法的实质。否则，就容易导致教学方法在使用中出现盲目性、随意性和机械性等负面特征。

评价一种教学方法，不能简单地从好或坏两个方面给出结论，而应选择适当的角度进行具体分析。所有的教学方法，都是为实现一定的教学目的、完成一定的教学任务而服务的。因而，教学方法与教学任务、教学内容、学生和教师等因素有着内在的联系，且相互制约和影响。在分析教学方法的适用范围和条件时，可以从以下四个方面加以比较：

一、化学教学任务的视角

不同的教学方法在实现不同的教学任务上，其功能和地位是有所差异的。针对不同的教学任务内容、难度和阶段，应用不同的教学方法产生的效果也不一样。

（一）教学方法在不同教学任务性质上的适用性

不同课时的教学任务是不一样的。在实际教学中，常有一些化学教师只采用讲授知识，再配以适当的实物展示的方法，来完成教学任务。这样的教学貌似经济、高效，然而仔细分析，实质上并未真正完成既定的教学任务。

心理学研究表明，动作技能的获得遵循“感知—分解—合成—自动化”的规律，其必要的学习条件包括：学生务必具备各分解动作的知识，并在头脑中加以表征；学生进行适当的训练，使头脑中关于动作的表象转化为其外在的肢体行为，同时将各种动作进行编辑，进而实现连贯化和程序化；教师适当地反馈，让学生明白自己的操作与目标的距离，从而进行矫正或进一步巩固技能。

显然，如果教师一味地讲授知识，就会使学生停留于感知的阶段，难以达到掌握和熟练操作的程度，而示范、练习和讨论等教学方法的使用，符合动作技能学习的规律，有助于教学活动的展开和教学目标的达成。然而，这并不意味着讲授法不适用这一过程。例如，教师在实验前讲解溶液的意义和作用，有关操作的原理、步骤及注意事项，有关仪器的正确、规范使用，学生练习过程中操作的正确与不当之处，以及实验后的误差分析等，无疑能够有效地促进学生对技能的学习与掌握。这是其他教学方法难以替代的。由此看来，针对具体课时的教学任务，分析教学方法的适用性，可以避免教学方法使用的教条化和机械化倾向。

（二）教学方法在不同教学任务难易度上的适用性

教学方法的复杂程度与教学任务的难度有着一致性，即教学任务越复杂，对学生的要求越高，学生起点状态与教学目标状态距离越远，学习障碍就越大，就越适合采用需要学生做出更大努力的教学方法；反之，较容易的教学任务，通常适合采用较为简单的教学方法。

某种教学方法在完成具有一定难度系数的任务上，其性能是不一样的。例如，讲授法对于学生的识记、理解是很有益的，然而要使学生达到综合应用的水平，讲授法就显得“力不从心”；演示法可以使学生初步了解和掌握基本操作，然而要使学生熟练掌握和应用，最好的选择是让学生独立操作、实践练习等。不了解各种教学方法的独特职能，误用或不恰当地使用，都会导致事与愿违。然而，对于相同的教学内容，使用不同的教学方法，所取得的教学效果往往也是不一样的。

（三）教学方法在实现教学任务不同阶段的适用性

同一种教学方法，在教学任务的不同阶段，其职能有所差异。例如，在感知和理解新信息阶段，分析法（如分析和区分重点、分类、给概念下定义和解释、类比等）比较有效；在概括和应用知识阶段，综合法（如概括和系统化、具体化、论证和反驳等）比较有效；在应用阶段，逻辑方法主要起到启发思维、激发动机、解决实际问题、对学习进行控制的作用。

二、化学教学内容的视角

教学内容是教学目标的载体，而教学内容主要通过教材呈现，教学方法要与相应的教材内容相适应，尤其是符合教材内容的类型特点、逻辑体系，以及呈现方式等。

（一）化学教材内容类型特点与教学方法的适用性

不同类型的化学知识，其内在特点及学习规律不同，所适用的教学方法也不一样，详见表 3-1。

表 3-1 化学教材内容类型及其教学方法

知识类型	内容特点	教学方法
元素化合物知识	内容繁多，分散琐碎，具体直观，易学好懂，难记难用	实验法，指导阅读法，讨论法，归纳、演绎法，比较法（抓住共性，把握个性），总结联系、形成网络，联系实际
化学基本概念	抽象、繁多、分散，容易混淆，深刻、严格，相互联系且交错复杂	直观教学法（实验、实物、模型、图像、比喻、类比等），比较法，演绎法，举例法（正例、反例），分类法等
化学基础理论	高度概括、抽象，具有严密的逻辑性和很强的思想性，既相对集中又灵活渗透于其他内容中	实验法，启发式讲授，直观教学法（模型、图表、多媒体课件、形象化言语），归纳、演绎，具体化，读书指导法等
化学用语	简洁，抽象，工具性，零碎，枯燥，难记	讲授法，再现法，练习法，复习法，宏观、微观、符号多重联系表征法，思、写、读、记相结合法，案例分析法等
化学实验	生动直观，内容繁杂，操作性强，容易触及但不易思考，学习进度较慢，不易操控	观察法，演示法，独立操作法，探究法，总结、归纳、分析、推理、抽象等逻辑法，讨论法等
化学计算	公式多，对其他化学知识的依赖性强，不直观，容易出错	讲演法，举例法，练习法，总结、归纳法，问题解决法等

从上表不难看出，不同的教学内容，其相应的教学方法各有差异。以上只是从一般层面介绍了各种化学教材内容相应的教学方法，而在具体教学中，教师在优选化学教学方法时，还应对教学内容做更为精细的分析，同一化学知识

类型中的不同内容，教学方法也不尽相同。

（二）化学教材内容逻辑体系与教学方法的适用性

化学教材内容总是按照一定的逻辑体系编排，遵循着一定的顺序和规律。教材内容的逻辑顺序体现了编者的意图和思路，综合体现了化学学科知识的逻辑体系、学生心理发展的顺序规律和教材编写的逻辑方式。教材内容内在的顺序性和规律性，一方面，决定着教学方法使用的匹配性，即选用能遵循这一规律、有效贯彻、落实这一思路的方法；另一方面，这种顺序性从实质上蕴含或规定了相应的教学方法，在教学中把这种暗含的方法再现和外显化。

（三）化学教材内容呈现方式与教学方法的适用性

无论哪一种版本的化学教材，一个共同的、显著的特点就是其内容呈现方式的多样化。各种教材都使用了各具特色的多个栏目，这些栏目承载着重要的化学内容。化学教材正是通过简练的语言文字，将各个栏目联合起来，同时配以适当的图片和图表，以此展现化学教学的内容。

三、学生学习特点的视角

学生是教育教学的对象，从“教”的层面看，学生是教学方法作用的客体。因而，教学方法的运用，要考虑学生的实际特点，如年龄特征、知识基础、思维特点和兴趣需要等。

（一）学生年龄特征与教学方法的适用性

对于不同年级的学生来说，教学方法的适用程度是有差异的。例如，直观教学法（实验演示、独立操作、参观法或图形、模型和实物展示等）更适用于低年级学生。随着学生年龄的增长，直观教学法的应用比重将逐渐减少，而抽象、演绎等逻辑方法则频繁使用。从低年级到高年级，再现性的认识活动方式将越来越广泛地被局部探索和问题探索的认识活动方式所替换。总之，随着学生年级的提高，各教学方法的使用强度将发生变化，且呈现一定的变化规律。

需要强调的是，尽管教学方法在一定的年级内具有普遍适用性，然而，即便是同一个年级的学生，不同班级或者同一班级的不同学生，也会有所差异。如果不考虑班级特点和学生差异，就容易造成事倍功半的结果。例如，将讨论法运用于思维较为活跃、学习氛围浓厚的班级，常可取得较好的效果，但对于学习兴趣不高、讨论交流意识欠缺的班级，常常是难以组织实施的。

（二）学生化学认知的发展与教学方法的适用性

了解学生的年龄特点与教学方法的年级使用差异，为教师针对不同教学阶段的学生选择、使用适当的教学方法提供了依据，具有普遍性意义。事实上，学生在不同学科领域的认知发展具有显著的差异。教师在分析教学方法对学生的适用性时，应该立足于化学学科自身的认识规律，分析学生对某一具体化学内容的认知特点与规律，从而优化教学方法。

四、教师教学实际的视角

教师是教学方法的实施者，一种好的教学方法能否在具体的课堂教学中充分发挥作用，主要取决于教师对教学方法的驾驭水平及学校所具备的教学条件。这里要考虑教师的内部因素和外部因素。教师的内部因素包括教师的个性特征、教学水平和教学风格等，教师的外部因素包括教学条件和教学时间等。

在化学教学中，不提倡教师盲目效仿他人的教学方法。正确的做法是教师学习和吸收他人教学方法的长处，理解、领悟，并内化，与自身的知识、经验及实际情况相结合。教师要善于从实际出发，恰当选择、使用教学方法，这样，自己的教学活动才会充满乐趣、焕发生命活力。

以上从四个方面分别讨论了化学教学方法的适用性，为教师提供了分析、优选教学方法的思路和视角。鉴于教学方法种类繁多，在每一个视角中，笔者仅以部分方法为例进行阐述，以期起到抛砖引玉的作用。教师可以以此为线索，分别就每一种方法在各个层面上的适用条件和范围进行梳理和比较，形成较为完整的教学方法适用情况一览表，以便更好地为化学教学服务。

第四章 化学课堂教学模式

第一节 “导学互动”教学模式

一、“导学互动”教学模式的理论与应用

（一）“导学互动”教学模式的理论

1.“导学互动”教学模式的基本内容

“导学互动”教学模式是以“导学结合”和“互动探究”为特征的教学模式，它的教学理念是“变教为导，以导促学，学思结合，导学互动”。“导学互动”教学模式分为四个环节。

第一个环节是“提纲导学”，教师先根据教学内容创设问题情境，然后出示预先编好的“导学提纲”，学生根据“导学提纲”自学教材。

第二个环节是“合作互助”，学生根据自学情况，在教师的引导下，讨论、交流自学中难以解决的和有探究价值的问题，共性问题由教师精讲。

第三个环节是“导学归纳”，教师利用板书，带领学生回顾教学内容，提炼出教学内容的精要部分，再引导学生通过分析、比较、归纳和总结等方式，将新知识融入学生已有的知识构架，并加以提升。

第四个环节是“拓展训练”，教师精选训练题，让学生进行自查和拓展运用，同时让学生尝试自编训练题，并展示出来与其他同学共享。

2.“导学互动”教学模式的设计目标

（1）提高化学教师的教学业务水平、教学热情和应变能力

实施“导学互动”教学模式，对化学教师的要求更高，尤其是对于个人教学经验丰富的教师来说，要积极改变千篇一律的、机械的、重复的讲述形式，否则就无法实现与教学三维目标的接轨。“导学提纲”的编写要随着教材内容与形式、学生心态等因素的变化而变化，这对新教师和老教师来说都有不小的难度。组织课堂不能再直接地向学生灌输知识，教师应该既关注学生，又关注教学内容。教师在组织教学材料时，要考虑到学生接受知识时的反应和变化，将教学模式融入教学材料中，进而融入课堂教学中。这样，教师在教学实践中就会逐渐从适应到熟悉，再到得心应手，既提高了教学热情，又提高了教学业务水平和应变能力。

（2）增强学生学习化学的自学、探究和合作意识

“兴趣是最好的老师”，学生的主体性在课堂教学中至关重要。一节课，只有学生喜欢，才会参与其中并且保持长时间的关注。在教师的引导下，学生主动求知，创新意识得到充分激发，围绕“导学提纲”自主学习，在小组合作中探究解决问题的方法，或者带着疑惑倾听教师的讲解，这样的学习才是学生全程参与的学习，长期下来有利于增强学生学习化学的自学、探究和合作意识。

（3）实现化学高效课堂

新课程标准强调提高课堂效率与素质教学并重，即高效课堂。在“导学互动”教学模式中，学生先是通过教师提前编写好的“导学提纲”掌握了大多数的基础知识，然后通过合作、探究和交流解决一部分问题，最后带着较复杂的共性疑问认真听教师的讲解，进而掌握本节课的所有知识。在宝贵的课堂时间中，学生作为主体参与教学活动，实现了化学高效课堂的目标。

（二）“导学互动”教学模式应用于化学教学的可行性分析

1.新课程标准下的化学教材分析

教材是学生学习的重要参考材料，随着课程改革的不断深入，我国的化学

教材版本不再单一，国家课程教材编写的依据是国家课程教材建设规划、课程方案、课程标准，地方课程教材编写的依据是相应的课程教材建设规划或编写方案，立足区域人才培养需要，充分利用好地方特有经济社会资源。

化学教材在内容编写上，注重培养学生的科学素养及创新、探究、合作能力，最终目的是为国家培养符合社会要求的高素质人才。依据新课程标准的编写理念，教材内容给学生提供了科学研究必需的化学基本知识和技能。化学教材中设置了多种多样的学习栏目，目的是培养学生的科学素养和实践能力。例如，科学探究栏目提供了多种科学研究方法，对提高学生的科学探究能力和实践能力的帮助很大；化学教材中使用了大量的插图，插图是一种信息传播工具，具有直观、形象的特点，是一般文字描述所不能比拟的，插图是对文字内容的辅助和拓展，在教学过程中，有助于保持学生的兴奋度，加深学生对知识的记忆；化学教材中安排了大量的实验，一次成功的实验会大大激发学生学习化学的兴趣，既使学生掌握了化学知识，又培养了学生的动手能力和科学探究能力，有利于培养学生的科学素养；化学教材还提供了丰富的习题，既有利于学生巩固所学知识，又为教师把握教学难度起到了引导的作用。

总之，“导学互动”教学模式中有关激发学生学习兴趣，提高学生自主学习、探究学习能力，培养学生科学素养的理念，在化学教材中均有体现。

2.学生心理特点分析

随着学生智力水平的发展，学生能够在较长的时间内对自己感兴趣的事物保持注意力，观察的目的性较强，但欠缺系统性和全局观。学生的思维方式正在逐渐从直观过渡到抽象，初步具有理智思考问题的意识，但常常需要感性支持来保持注意力的集中。

青少年时期的学生，思维比较活跃，经常提问题，倾向于坚持自己的观点，希望被认可，爱争论，但并不排斥不同观点，在有理有据的情况下他们会接受观点，并且充满激情，做事果断，有一定的自制力。同时，有较强的自我意识和自尊心，希望得到他人的理解和尊重。

教师在化学教学中实施“导学互动”教学模式时，应充分考虑学生的心理特点，抓住学生自主意识较强、爱争论的特点，组织分组讨论，使学生能够通过合作交流的方法，解决课堂上的大多数问题，引导学生培养抽象思维及合作、自主、探究的能力。同时，考虑到学生自尊心强而兴趣保持不太久的特点，要引入竞争机制，多夸奖，以保持学生的学习兴趣，提高其自信心。

3.对化学教师素质的要求

随着课程改革的不断深入，教师专业化的趋势日益明显。教师的专业化要求教师转变角色，成为教学活动的组织者、参与者和引导者。教师的专业化还要求教师提高身体语言的表达技能、具备激发学生学习动机的技巧，以及掌握娴熟的课堂驾驭技能和实验教学技能，并要有终身学习的意识，在学习中不断发展。

没有过硬的基础知识、教学技巧和应变能力的教师，是无法驾驭“导学互动”教学模式的，教师在备课时应当熟悉相关知识，并将课堂教学过程中可能会遇到的各种问题和状况都考虑在内，这样才能做到真正的高效课堂。

二、“导学互动”教学模式的构建

（一）编写化学“导学提纲”应遵循的原则

“导学提纲”是“导学互动”教学模式中一切教学活动的出发点和归宿，也是“导学互动”展开的主线。对于化学课来说，导学提纲设计的质量，会直接影响师生合作互动的质量及教学的效率。化学“导学提纲”的编写，需要遵循以下原则：

1.问题情境的创新性

化学知识与日常生活、自然现象、当代科学技术紧密相关，但还有相当一部分知识是理论性较强的内容，知识点散而多，比较枯燥，学习时需要有一定的逻辑思维能力。所以，部分学生从心理上会抗拒化学学习。要改变这种状况，教师在编写“导学提纲”时，首要任务就是设置有新意、有创造性的问题情境，要在一开始就吸引学生，激发学生的好奇心和求知欲。

例如，教师在讲到“硫酸根离子的检验”时，教师可设计一个实验：取某一溶液（标签背向学生），加入几滴氯化钡溶液（产生白色沉淀），继续加入稀硝酸溶液（白色沉淀不溶解），然后问学生：“这种溶液里有无硫酸根离子？”大多数学生会不假思索地回答：“有”。这时，教师慢慢拿起盛有溶液的试剂瓶，并把标签面向学生，标签为硝酸银溶液，学生恍然大悟。教师接着让学生讨论“该怎样检验溶液中有无硫酸根离子”，使学生悟出用氯化钡溶液作试剂检验硫酸根离子。

2.问题链的梯度性

化学教材中的内容大多从学生感兴趣的日常生活、自然现象和前沿科技等开始，引入逐步复杂、抽象的化学式和化学方程式，或更深层次的化学原理和相关计算。学生善于理解和记忆简单的基础知识，却不善于对基础知识进行二次挖掘和联想运用。所以，教师在编写化学“导学提纲”时应该把每一节的知识点设置成有梯度的问题链，由浅入深，使学生自然而然地将新学的基础知识原理逐步整合进已有的知识构架中，并灵活运用。

3.习题设置的多样性

化学的学习不是简单的化学方程式和化学原理的堆叠，要想将新知识融入已有的知识构架中，练习是必不可少的。适量的习题有助于加深学生对新知识的记忆与理解，以达到举一反三、触类旁通的效果。因此，化学“导学提纲”中习题的设置尤为重要，数量不要太多，但要有广度，更要有深度。

（二）“导学互动”教学模式在化学课堂实施的具体步骤

1.提纲导学

第一个环节是“提纲导学”，这是教学活动的起始环节。教师根据每节课的内容特点，选取合适的导入题材（复习回顾、小故事和趣味实验等），创设问题情境，激发学生的学习兴趣，然后出示预先设计好的“导学提纲”，让学生依据“导学提纲”对教材进行预习。同时，教师引导学生在完善“导学提纲”

时，发现问题，解决问题。

（1）激趣导入——“提纲导学”环节的第一步

导入是整个课堂教学的开端。在各教学环节中，导入在课堂教学中具有重要的地位。运用得当的导入，能够迅速激发学生的学习兴趣，集中学生的注意力。教师在设计导入内容时，要明确教学目标，围绕教学内容，贴近学生的生活实际和知识水平来创设问题情境。导入内容的设计要简短，目的要明确，题材可新奇、可回顾、可直击重点。在导入形式方面，教师要创设问题情境，如讲述化学史、描述社会热点话题、举生活实例、做演示实验等。

（2）出示“导学提纲”——“提纲导学”环节的第二步

“导学提纲”是教学活动的主线，教学活动的每一个环节都要围绕“导学提纲”进行，教师组织、引导教学活动，学生自主学习都离不开“导学提纲”。教师根据化学学科特点和学生的知识水平，围绕教学内容、教学目标和教学的重点、难点，预先编好“导学提纲”。其中包含以下五部分内容：

第一，本节课的学习目标、重难点、与已有知识构架的联系。

第二，简单问题和基础知识点的呈现。对于这部分内容，大多数学生都可以通过自主学习来解决和掌握，呈现方式可以是问题式、填空式和框架式等。

第三，复杂问题和探究式知识的呈现。对于这部分内容，多数学生可以通过小组讨论、合作互助的方法来解决和掌握。这部分内容多以问题链的形式呈现，教师要引导学生利用问题链逐步探究问题解决的方法，体会科学探究在化学学习中的重要性。

第四，知识梳理。提醒学生要梳理的不仅仅是新知识，还有掌握和运用新知识的方法，同时找出自己仍存在的困惑和不足。

第五，反馈练习。引导学生针对本节课学习的新知识进行应用训练，巩固新知识的同时进行自我检测，判断自身是否达到学习目标。

新课导入之后，教师出示“导学提纲”。“导学提纲”的出示时机要根据新授课、实验课、习题课、复习课的不同而灵活运用，教师可集中出示，也可在课堂教学中逐渐展开。“导学提纲”的出示形式，可以根据本节课的课堂性质和学校的硬件条件而选择小黑板、电子白板或活页等教学工具。

（3）自学设疑——“提纲导学”环节的第三步

学生在教学活动中处于主体地位，教师在教学活动中处于主导地位。学生依据“导学提纲”对教材进行预习，把遇到的问题做好记录。在这一步，教师要充分相信学生独立思考问题的能力，给学生充分思考、消化教材的时间。这样，学生才会带着自己处理过的疑问认真听课，主动交流，逐渐掌握自学的方法，提高自学的能力。

2.合作互动

第二个环节是“合作互动”，这是课堂教学的中心环节。学生依据“导学提纲”预习之后，需要在小组内交流、讨论、解决一部分问题。这时正是学生发挥主体作用的时候，学生参与到问题的发现与解决中，在学会知识的同时，表现了自我，证明了学习的价值，攻克疑难的“战斗力”就会更加强劲且持久。

（1）小组交流——“合作互助”环节的第一步

学生在“导学提纲”的引导下预习，会遇到或提出一些问题，教师引导学生进行分组交流讨论，各抒己见，相互借鉴，可以解决一部分问题。

学习小组按照“组间同质，组内异质”的原则进行划分，教师挑选组织能力强、善于表达、敢于质疑的学生担任学科小组长，带领组员积极主动地参与小组交流，在交流讨论过程中，既要勇于提出自己的观点和看法，又要虚心接纳别人的意见和建议。同时，教师巡查各小组，关注各小组讨论情况，必要时参与讨论。

（2）展示评价——“合作互助”环节的第二步

讨论结束后，由小组成员选出一名代表，将解决的问题列出来，进行成果展示，教师对解决问题多且质量好的小组进行表扬、奖励和评分。

（3）质疑解难——“合作互助”环节的第三步

小组代表将提出一些不能解决的或存在的共性问题，让已解决了此问题的小组进行讲解。如果学生的讲解不详尽或有漏洞，教师要及时指出，并引导学生完善。对学生们都无法解决的问题，由教师来精讲。此外，教师还要精讲学生容易出错的、容易混淆的和容易遗漏的内容，教师在精讲时要特别注意逻辑性和严谨性，在潜移默化中培养学生的科学素养。

3.导学归纳

第三个环节是“导学归纳”。学生初步理解本节课的内容之后，在教师的引导下对本节课的内容进行回顾，弄清不同知识点间的联系和相近知识点间的区别，找出知识要点和难点，归纳学习本节课所使用的方法。教师再引导学生通过分析、比较、归纳和总结等方式，将本节知识融入学生已有的知识构架中，并加以提升。

（1）学生归纳——“导学归纳”环节的第一步

“合作互动”环节之后，学生已解决了本节课的绝大多数问题。这时，教师利用已设计好的板书引导学生进行总结归纳，让学生通过分析、比较，结合已有的知识构架，培养学生对知识的整合能力。在此环节的教学中，教师的引导必不可少，好的引导会使学生的归纳事半功倍。需要注意的是，教师的引导要适当，引导过多会影响学生的能力发挥；引导过少或不引导，则会影响学生对知识的掌握。

（2）教师指导——“导学归纳”环节的第二步

学生归纳之后，教师对学生的表现做出评价，以示鼓励。对于学生归纳不完整、不严谨或错误之处，教师要及时指出，并予以完善。这样，学生在掌握本节课知识的同时，又增强了信心，有助于提高学生的归纳、整合的能力。

4.拓展训练

第四个环节是“拓展训练”。学生在完成课堂内容的学习之后，教师要让学生解决“导学提纲”中的习题，以达到巩固知识、提高知识运用灵敏度、拓展解题能力的目的。同时，要求学生根据自己理解的知识重点和难点，对一些题目进行变化甚至新编习题，锻炼学生对知识的“正—反”运用。

（1）拓展运用——“拓展训练”环节的第一步

随堂练习是用来判断学生对新知识掌握程度最好的方法。教师编写练习题要贴合本节课的知识点，联系学过的知识点。要充分考虑学情，不能让学生“一看就知”，也不能让学生“绞尽脑汁而不得”。上课时间有限，练习题数量要合理，学生要当堂完成。

学生按要求进行练习，同时，教师要巡视抽查，及时发现学生在做题中出现的问题。学生做完练习题之后，教师要考虑学生对知识掌握程度的不同，对共性错误进行针对性的集中解答，让学生明白错在哪里，并给学生反思的时间。

（2）编题自练——“拓展训练”环节的第二步

教师引导学生根据自己对本节课知识的理解编写练习题，教师也可以选择一些知识内容运用得较为巧妙的题目展现给学生，让学生进行练习。学生编写的训练题直接反映了学生对本节课知识的掌握程度和关注点，有利于教师及时发现学生在本节课知识学习方面的优势和不足。

“拓展训练”是对教师本节课教学效果的检验。学生对于任何知识点的掌握和巩固都是在不断地训练、再训练中完成的，这样才能达到灵活应用。

以上就是“导学互动”教学模式在化学课堂教学中的具体操作步骤。“四环十步”缺一不可，各环节间的排序不可调换，各环节中的步骤可根据教情和学情作适当调整。

第二节 翻转课堂教学模式

一、翻转课堂教学模式的概念与特征

（一）翻转课堂教学模式的概念

传统的教学模式已经无法满足当今时代的教育需求，新的教学模式——翻转课堂应运而生，它的引入为中国的教育事业带来新的曙光，并且成为广大教育学家和一线工作者青睐的对象。但到底什么是翻转课堂，翻转课堂确切的定义是什么，关于这些问题可谓仁者见仁，智者见智，国内外学者对翻转课堂的定义存在着一定的差异。

1.国内学者对翻转课堂的定义

翻转课堂译自“Flipped Classroom”或“Inverted Classroom”，是指重新调整课堂内外的时间，将学习的决定权从教师转移给学生。张金磊、王颖和张宝辉在《翻转课堂教学模式研究》中提到，翻转课堂颠覆了传统的课堂，知识传授环节是在课后通过信息技术的辅助完成的，知识内化环节则在课堂中经教师的帮助与同学的协助而完成，从而形成了翻转课堂。也有学者是这样定义翻转课堂的：以信息技术为依托，通过教育技术制作教学视频，学生在课前完成知识的接受与学习，教师为学生提供协作学习和交流的机会，帮助学生实现知识的内化学习，以此影响学生学习环境，使学生真正成为学习的主人，是一种新型教学模式。还有学者认为翻转课堂是指在信息化环境下，教师提供教学视频为主要的学习资源，学生在课后或家中观看视频中教师的讲解内容，教师通过数字化网络平台实现在线导学、辅导，回归课堂，师生以导学案为依托进行面对面的交流、协作，完成作业的一种教学形态。

2.国外学者对翻转课堂的定义

教育学界普遍认同真正意义上的“翻转课堂”最早可追溯到美国的科罗拉多州的一所山区学校，两位化学教师伯格曼和萨姆斯于 2007 年开始录制讲课视频，并将视频上传到网络，以此帮助缺席的学生补课，后来，这两位教师让学生在家观看教学视频，在课堂上完成作业，同时，他们还为学习中遇到困难的学生进行讲解。冈萨雷斯在“聚焦教育变革——2011 中国教育信息化峰会”上将这种新型的教育模式定义为“颠倒课堂”，并解释：“‘颠倒课堂’是指教育者赋予学生更多的自由，把知识传授的过程放在教室外，让大家选择最适合自己的方式接受新知识；把知识内化的过程放在教室内，以便同学之间、学生和教师之间有更多的沟通和交流。”对于翻转课堂的定义，不同的人在不同时期会有不同的界定，其宗旨就是以先进的信息科学技术为依托，颠覆传统课堂，将教师和学生的地位进行转换，将本来在课堂上需要完成的学习任务放在课后，将本来在课后需要完成的任务放在课堂之上。与传统课堂相比，这样的转换为教师更好地了解每位学生的情况提供了可以参考的依据，让“因材施教”不再只是空谈。

（二）翻转课堂教学模式的特征

1.翻转的教学过程

传统的教学过程是教师在课堂上讲授相关知识，学生记笔记，教师布置作业，学生在课后完成作业。而翻转课堂打破了传统课堂的教学模式，转变为课前学生在家自主观看教师上传的微课视频，并完成相关的练习；课堂上学生进行小组合作学习，教师与学生面对面交流，共同解决问题，完成对知识的内化吸收。

2.新颖的组织形式

在传统的课堂教学模式下，班上人数较多，教师用一种教学方法教所有的学生，有的学生进步很快，有的学生却止步不前，班上学生的成绩整体提高幅度不大。而翻转课堂改变了传统课堂“一对多”的教学方式，教师让学生进行小组合作学习，互相交流，共同提高学习兴趣；学生在遇到困难时，教师可以对其进行一对一的辅导；学生在自主学习中可以发展自己的兴趣爱好，实现个性化发展。

3.变换的课堂主体

在翻转课堂教学中，学生是课堂的主体，教师成为学生身边的辅助者，帮助学生主动发现并解决问题，可以真正实现因材施教，实现以学生为本的教育目的。

4.优质的教学资源

微课，又名“微课程”，内容短小，通常在10分钟以内，教学目标明确，集中说明一个问题。微课视频的质量直接影响学生对主要知识内容的学习、对重难点的把握等。学生在观看微课视频的过程中可以重复、暂停和记录，有利于学生巩固复习。

5.多样的评价方式

翻转课堂有多种评价方式。比如，对学生进行过程性评价、结果性评价、自我评价、他人评价等，也可以从教师的语言、神态、服装、课堂上的语言表达、逻辑思维等方面对教师进行评价，以此促进教师教学水平的提高。

二、翻转课堂教学模式的实施

（一）理论基础

在翻转课堂教学模式下，学生首先在教师的要求下利用教学视频等资源进行自学，然后在课堂上通过做实验、讨论、演示和练习等环节进一步加强对知识的学习。在整个过程中，充分体现了学生是学习的中心，是教学活动的积极参与者和知识的积极建构者；教师是学生建构知识的忠实支持者、积极帮助者和引导者。

掌握学习理论认为，很多学生之所以不能取得较为优秀的学习成绩，原因不是他们的智力发展有缺陷，而是得到的关注不到位。如果在“线索、参与、强化和反馈、纠正”等方面给予其足够的关注，那么在理论上，每一个学生都能在教师的帮助下取得较为满意的学习成绩。翻转课堂教学模式在这方面做出了尝试，教师扮演的角色发生了较大的转变。在翻转课堂教学中，教师更像是一个管理者，而不是主要参与者，教师的主要任务不是讲授知识，而是引导学生自己去发现、去认知、去解决问题。教师会给出一定的线索，告诉学生应该通过什么样的方式去习得某些知识，放手让学生或独立、或合作地去完成这些任务。教师从当堂讲解知识的模式中解放出来，将更多的时间用于关注学生的已有认知和技能，关注学生的学习激情和动机，关注教学的有效性。同时，教师将会有更多的机会通过赞许、微笑等手段，来强化学生的学习行为和学习动机等。

在翻转课堂教学中，教师给学生设置学习任务时，必须从“最近发展区”理论入手。探究问题的难度应该是适宜的，应该是学生通过努力就能够得以解决的，这样的问题才能引起学生的征服欲望，才能让学生主动去发现问题、解决问题，从而使学生在解决问题的过程中建构起对知识的理解，而不至于打击学生的学习兴趣或使学生停留在现有的发展水平上。也就是说，教师要保持“教学走在发展的前面”，而又不能超出学生可能达到的最高水平。

翻转课堂的最终目的是满足学生的各种需要，从而促使学生产生内驱力和学习动力。翻转课堂教学模式的意义是用尽可能少的时间、精力和物力投入，取得尽可能多的教学效果，满足社会和个人的教育价值需求，实现有效教学。

（二）具体操作

第一，教师的课前准备工作，包括整理相关教学资源、制作教学演示文稿软件（Power Point，以下简称“PPT”）、录制教学视频。

每一段教学视频就是一节完整的课堂教学，由于不能和学生面对面交流，所以视频的制作难度较大。教师为了尽可能地让教学内容丰富、有趣，就得广泛收集与教学内容相关的各种信息，即教学资源，如社会新闻、化学史，以及该部分知识在生产、生活中的应用实例等，展现形式可以是文章、图片或视频。结合教材核心知识，选取合适的信息，整合成教学 PPT。

PPT 的整体设计是吸引学生注意力的重要因素，因此需要加入一些趣味性因素，如学生感兴趣的背景图片、音乐或动画等。其他辅助信息则以课外阅读的形式上传到学习平台，供学生课余时间查阅，之后才能开始录制教学视频。

在缺乏面对面交流的视频教学中，语言艺术显得尤为重要，所以在整节课的录制过程中，教师需要通过语音、语调的变化来集中学生的注意力，需要通过视觉和听觉将饱满的精神状态传递给学生。在录制过程中，教师要把它当作一堂真正的课来对待，课堂的各个环节必不可少。

在讲课伊始，教师需要通过创设教学情境来引入新课，例如，引导学生分析和关注社会的热点问题（如资源节约型、环境友好型社会的建设，以及生活中的一些疑问等），建立起化学学习与生活的关联性。这样不仅可以增强学生的兴趣，而且可以使学生在关注生活中的化学问题的同时，感受学习化学的意义，也能促使学生提高学习热情、提升生活品质，最终达到知识的有效迁徙。在讲课过程中，教师在需要提问的地方要及时提出问题，对于需要讨论的内容，教师要提出讨论要求，哪怕学生无法当场作答，也要让学生不断思考。教师在讲到重点和关键点时，必要的板书及标记要随着讲解体现在 PPT 上。

第二，翻转课堂教学模式的具体实施。翻转课堂与传统课堂最大的不同是颠倒了传授知识和内化知识的顺序。例如，对于“富集在海水中的元素——氯”这一节的教学，教师可以按照以下几个步骤进行：

第一步，教师根据这一节的教学任务，制作适合学生的学习任务单。

第二步，学生在自习时间内，通过教材、教学视频等教学资源，完成学习任务单上的课前学习任务。

第三步，教师将课堂教学的前 8 分钟用于课前学习任务的展示和点评释疑。教师通过投影仪展示某学生的课前学习任务单，其他学生将其与自己的学习任务单对比后，进行点评或提出疑问、表达不同的意见等。教师的主要任务就是解决学生提出来的，且其他学生解决不了的疑难问题。

第四步，组织学生分组实验，实验时间控制在 10 分钟左右。学生以小组为单位，完成合作探究中的两组实验并记录实验现象。教师需要强调实验安全并巡视学生的实验，指导学生实验的基本操作和引导学生观察实验现象等。

第五步，引导小组讨论，讨论时间约为 5 分钟。根据小组实验现象、结果，以及教学视频的内容，组员之间进行讨论，并形成小组内统一的结论进行汇报。教师在巡视的同时，要帮助某些小组解决他们解决不了的困惑，并在小组间有不同意见时，引导大家分析，从而选择更加正确的答案。

第六步，课堂巩固练习，练习时间约为 17 分钟。学生完成学习任务单上的习题后，先自己核对答案并修正，然后小组间进行讨论纠错。教师要留意学生的解题过程和思路，在适当的时候给予方法上的点拨，对某些易错问题进行点评讲解。

第三节 任务驱动教学模式

一、任务驱动教学模式的理论

（一）相关概念的界定

1.关于“任务”

“任务”一词的英文是“task”，翻译过来还有“作业”“工作”的意思。在汉语字典的意思是“指定担任的工作”“指定担负的责任”。而任务驱动教学中的“任务”是经过教师精心挑选和组织的，是指在一定程度上能够促进学生掌握课本知识，同时提高学生能力的一项作业，它贯穿于整个教学的始终，但不能等同于人们常说的练习。“任务”一般是在介绍完某个知识框架后被提出，一般与生产、生活实际相关联，难易程度依据学生的实际情况而定。“任务”还要分得更细，以满足不同学习能力和水平的学生的要求，所提出的“任务”要能够激发学生的学习兴趣、启发学生的思维能力等。

2.关于“驱动”

“驱动”这个词在计算机教学中应用比较多，有“推动”“驱赶”的意思。单从字面上看，很容易理解成通过“任务”来“迫使”学生学习，这种观点是片面的。任务驱动教学模式强调学生是学习的主体，所以学习的驱动力是源于学生本身的。本部分研究将“驱动”理解成学生在执行任务过程中发生的认知冲突，为获得认知平衡，学生会通过自身的努力去解决这个矛盾。这种驱动力是可以培养的，例如，教师的鼓励能给学生带来一定的成就感，这种驱动力会不断地增强。所以，教师在教学过程中要对学生进行适当的鼓励，以增强学生学习的动力。

3.关于任务驱动教学模式

任务驱动教学模式的思想源远流长，可以追溯到我国教育学家孔子所提出的“学以致用”的教育思想。它的概念界定经历了一个漫长的发展过程，最早是在德国出现的，当时被称为“范例教学”，倡导者为德国教育学家克拉夫基和德国教育心理学家瓦根舍因。克拉夫基认为，范例教学提倡学习者的独立性，让学习者能从选择出来的例子中获得知识和能力，这就需要教学者选择典型而清楚的例子进行教学。通常，任务驱动教学模式被定义为建立在建构主义理论基础上的、以任务为主线、以教师为主导以及以学生为主体的一种教学方法。随着任务驱动教学法的功能不断被发掘，任务驱动教学模式越来越受到重视。

所谓教学模式，不同的学者对其内涵的理解并不一致。有一种观点认为任务驱动教学法是在教学中通过任务来驱动学习过程，使学生积极主动学习，利于学生养成主动学习的习惯。该观点持有者还指出，为了使学生提高求知欲望，就得给学生提供获得成就感的机会，让其在这个过程中形成良性循环，从而培养积极的学习态度。还有一种观点认为任务驱动教学模式是一种有效的、能够极大地拓展学生的知识面、能够使学生将所学知识与实践及时结合起来，并且有助于学科教学与信息技术整合的教学模式。这种教学模式能最大程度地消除学生学习的盲目性，在运用中能提高学生的学习效率。

更有学者将任务驱动教学模式运用到化学导学案中，尝试用化学导学案驱动教学。他们认为，任务驱动教学是指学生在前一天对导学案预习的基础上，根据教师的指导，紧紧围绕一个个循序渐进的任务，在强烈的问题动机的驱动下，进行自主学习和合作探究，完成预定学习内容的活动。教师将任务（也就是化学导学案）布置给学生，促使学生主动预习，有目的地掌握新课的重难点，从而提高学习的效率。

笔者对学者们提出的任务驱动教学模式观点进行深入剖析、理解，结合教学的实际情况，认为任务驱动教学模式是在创新教育和素质教育思想的指导下，能激发学生学习动机和学习兴趣、引导学生自主探究，且能培养学生创新思维的一种稳定的教学结构形式。

（二）任务驱动教学的理论基础

任何教学模式的建立，都需要正确的理论来指导，只有在科学理论的指导下，新的教学模式才会更具生命活力。任务驱动教学模式是在建构主义理论、动机理论等有着坚实教育学和心理学基础的教学理论上构建起来的，任务驱动教学模式充分吸收了这些理论的精华，针对化学教学中存在的问题进行新的探索。

1.建构主义理论

建构主义属于认知理论，由瑞士心理学家皮亚杰首次提出的。建构主义的教学思想归结起来主要包含了以下三个基本观点：

第一，知识观。

知识是动态的，它会随着人们的认知深度的变化而不断发生改变，因此人们要根据具体的情境进行具体的分析，从而获得合理的知识。

第二，学习观。

学习不是简单地获取知识的过程，也不是简单地存储知识的过程，而是在学生接触新知识的过程中，出现经验冲突而引发认知结构的变化。这个过程是学生获得意义建构的过程，学生可以根据已有的知识经验，选择性地对接触的信息进行加工处理，从而完成对知识的建构。

第三，教学观。

教学过程将以往传授现有知识的教学方式，转变为以学生原有知识为出发点，促进学生知识经验生长的教学方式。因此，为了能够激发学生的思维活力，教师要为学生精心创设学习情境，促进学生对知识的建构。

建构主义理论带给人们的启示，包括以下几个方面：

（1）注重以学生为中心

传统的教学强调“教”，教师是课堂的主角，而新课程改革要求以学生为主体，学生是学习的主观能动者。所以，教师在课堂上，要充分发挥学生的主体作用，把课堂还给学生，让学生成为知识的主人。

（2）注重“情境”的创设

教师创设与生活相近的问题情境，给出一定的学习任务，利用某些生活经验激发学生原有的知识，促进学生对知识的建构。

（3）注重“协作”的影响

在课堂上，教师应多给学生提供动脑和动嘴的机会，多创设开放性问题，引导学生多方面、多角度地思考问题。让学生相互交流学习。通过思想的碰撞，不断提升智慧，从而培养学生的独立思考能力和创新能力。

2.动机理论

动机是维持活动的内在驱动力，受外部环境的刺激，动机能够指引学生进行学习。由于动机涉及多种现象，所以不同的学者对动机的解析各不相同，由此形成了具有相同核心价值的各种动机理论，核心目标均是要激发学生的学习动力。以下是两种有代表性的动机理论:

（1）人本主义的动机理论——需要层次理论

人本主义的代表人物为亚伯拉罕·哈洛德·马斯洛（Abraham Harold

Maslow，以下简称“马斯洛”），马斯洛在解析动机时特别强调需要的重要作用，他认为人的行为来源于需要。需要同时受多种因素的影响，所以不同的人处于同一种情境当中，可能会产生不一样的行为。

在学校，若想让学生有较高的动机去学习，则必须满足学生的需要，尊重和关爱对学生而言是最重要的基本需要。教师要关注学生，让学生感觉到教师是公平、公正的，并且是爱护和尊重学生的，这样才能调动学生的积极性，激发学生的创造力。

（2）成就动机理论

成就动机理论的核心理念是尽最大的努力去完成有难度的任务。20 世纪 60 年代，约翰•威廉 •阿特金森（John William Atkinson，以下简称“阿特金森”）将成就动机理论进一步深化，他提出了具有广泛影响的成就动机模型。阿特金森认为人在追求成就时往往有两种倾向，一种是努力追求成功的意向，另一种是努力避免失败的意向。实践证明，试图追求成功的人更容易取得成功，因为追求成功的人成就动机更高，目标更明确，有着极强的斗志，当获得成功时会有自豪感，容易产生挑战下一个任务的倾向。而试图避免失败的人因为害怕自尊心受到伤害，所以选择的任务往往是比较容易的，当获得成功时存在侥幸的心理，如果失败了，其成就动机会降得更低。因此，在化学学习当中，教师应关注学生的状态，当学生获得成功时，及时给予学生适当的鼓励，让学生朝着所期望的方向发展。此外，教师还可以给成就动机高的学生布置学习难度稍高的任务，以激发他们的学习动机；对于成就动机较低的学生，教师可以给他们提供较容易的任务，给予适当的鼓励和帮助，以提高他们的学习动机。

由此可见，动机理论给人们的启示是：在创设情境时，分不同的层次进行设计，设置不同层次的学习任务，以满足不同层次学生学习的需要，激发学生的学习动机；在任务进行过程中，尽量提供多种机会让学生展现自己，从而提高学生的成就动机和思维能力；当学生给出自己的答案时，教师应给予肯定或鼓励，以增强学生的学习动机。

二、任务驱动教学模式与学生创新思维的关系

（一）任务驱动教学模式与学生创新思维培养的相关性分析

任务驱动与创新思维有一定的相关性，主要体现在以下几方面：

第一，创新思维从多角度、多方面来思考问题，在思考问题的过程中，学生需要采用多种思路和方法去解决问题；任务驱动是一项多维互动式的教学模式，它倡导学生从多个维度去思考问题，采用多种方法去完成任务。所涉及的任务具有一定的开放性，适合发展学生的发散思维，它本身的多维互动式教学理念与创新思维的发散性具有相似之处。

第二，创新思维的培养，其本质就是要培养学生的独立思考、分析问题的能力；任务驱动教学模式通过创设探究式的任务，使学生处于积极学习的状态，每个学生都可以根据自己对知识的理解，运用所学的知识，提出一套独特的学习方案。在这个过程中，学生不断获得成就感，求知欲望不断被激发，学生逐渐形成独立思考、勇于探索的自学能力。

第三，“兴趣是最好的老师”，创新思维的培养必须以兴趣作为支撑点来开展教学活动。如果学生对所学的知识有较高的学习兴趣，那么他在课堂上的学习动机就比较高，思维也会处于最佳的状态，从而更具创造力。任务驱动教学模式下的教学活动一般是由浅入深、循序渐进的，且活动过程中充满了民主和个性，能让学生获得极大的成就感，能够大大地提高学生的学习效率、激发学生的学习兴趣，所以，任务驱动教学模式和创新思维有一定的相关性。

（二）任务驱动教学模式与学生创新思维培养的可行性分析

学生创新思维的培养可以通过一些方法来实现，其中，利用任务驱动教学模式开展教学就是培养创新思维的一种方法。教师通过在课堂中创设与学生经验相近的一些情境，引导学生灵活、流畅地运用知识去解决问题，促进学生提高创新思维能力。发散思维、联想思维、逆向思维和质疑思维是创新思维的主

要表现形式，在教学过程中，教师应主要从以下方面对学生进行创新思维的培养：

1.任务驱动教学模式对发散思维的培养分析

发散思维，又被称为辐射思维，是一种不拘泥于已有形式且从多方面、多角度思考问题的思维方式。发散思维的好坏预示着一个人智力水平的高低，所以培养学生的发散思维极其重要。创新思维的启发阶段，需要从多角度思考问题，才能提出具有创新性的思路和方法。任务驱动具有一定的开放性，能为发散思维的培养提供一个广阔的平台。青少年学生想象力极其丰富，对事物充满好奇心，对知识充满探究欲望。此时，教师可以结合设置的学习任务，特别是开放性的学习任务，鼓励学生从多个方面探索相关的答案，提出多种见解，从不同角度理解所学的知识，从而达到对创新思维的培养。例如，教师可给学生提供具有启发性的教学案例，让学生在此基础上举例说明，说出自己的不同观点。在这个过程中，学生不仅能够熟悉、掌握所呈现的知识，还能结合自己的所见所闻畅所欲言，充分发掘思维潜力。

2.任务驱动教学模式对联想思维的培养分析

联想思维在人的思维活动中起着基础性的作用，是打开人脑记忆最简捷、最适宜的一把钥匙。联想思维是指在某种因素的诱导下，人脑记忆表象系统将不同事物进行联系的一种思维方式，往往可以根据事物的外部结构、属性等特点具有相似性而引发想象，进行延伸和对接。能够使人产生联想的特征很多，如相似性、对比性、因果关系等。经过联想所产生的想法或念头具有一定的科学性，且能对事物产生积极的影响，有利于活化思维空间，有利于信息的存储和检索。任务驱动教学模式可设定多个知识点，让学生围绕一个知识点进行相关知识的自由联想，从而活跃思维。

在任务驱动教学模式下，要引导学生向着事物的积极方面思考，让学生在任务驱动教学模式所提供的学习平台上自由联想，在运用所学的知识解决实际问题的过程中，学生可以将不同的知识点串联起来。这样不仅能使学生快速掌握已学知识，还能帮助学生进行新旧知识的联系，形成系统的知识脉络，促使学生在完成学习任务的过程中快速提取所学过的知识，提出具有创新特点的方案，从而达到创新知识的目的。

3.任务驱动教学模式对逆向思维的培养分析

逆向思维是一种将常规或者已经成定论的事物反过来进行思考的一种思维方式，俗称“反其道而行”。事物往往具有多面性，大部分的人只能看到其中的一方面，而忽视了事物的其他方面。利用逆向思维进行思考，往往会获得出人意料的成果。培养学生的逆向思维就是要让学生从相反的角度思考问题。任务驱动教学模式具有一定的自由性，在此教学模式下，学生有表达自己想法的机会，并且可以大胆地思考、大胆地尝试，逆向思维也因此有了足够的发展空间，所以，在运用任务驱动教学模式进行教学时，教师不能制定某种标准去约束学生的思维，要适当地引导学生尝试从相反的方向去思考问题；要创设具有启发性的情境，在学生尝试用一种方法不能解决问题时，让学生学会寻找失败的原因，知道反过来思考问题或者换一个方向去思考问题，寻找一条解决问题的新途径。

4.任务驱动教学模式对质疑思维的培养分析

质疑思维是指在原有事物基础上进行假设性提问，探究事物本质属性的一种思维方式。质疑思维具有一定的探索性，能带动学生进行知识的探索，还有一定的目标导向性，能引导学生围绕着设定的目标进行有价值的、高效的创新。任务驱动教学模式是一个探究式的教学活动，学生拥有学习的主动权。在探索过程中，学生可以进行自由的讨论，并且有勇气提出自己的疑问，在合作交流中使问题得以解决，学生的质疑思维得到充分的发展。

在教学过程中，要以学生为主体，给学生提供轻松、民主的学习环境，让学生大胆地说出自己的想法，也可以对别人的观点提出不同的看法。古人云：“学贵知疑，小疑则小进，大疑则大进。”也就是说，学生在不断质疑的过程中，进行独立思考，从而培养质疑思维。

第四节 信息技术与化学教学模式融合策略

进入信息时代，以计算机网络和多媒体技术为核心的信息技术在教学中得到了越来越广泛的应用。信息技术与化学教学模式的融合作为当前化学教育领域的热点课题，对教育信息化和化学新课程改革的顺利实施有着至关重要的意义。许多研究者和一线化学教师都针对这一课题开展了大量的理论和实践研究，从不同的层面为信息技术与化学教学模式的融合提供了丰富的理论基础和实践经验。

一、化学信息化教学设计的概念和特征

（一）化学信息化教学设计的概念

化学信息化教学设计立足于化学学科教学，在适当的教育教学理论的指导下，充分利用现代信息技术和信息资源，科学地设计和安排教学过程和学习过程的各个环节和要素，为学生提供良好的信息化学习环境，从而培养学生的信息素养，提高学生的学习兴趣，实现教学过程的最优化。

概括地说，化学信息化教学设计就是在信息技术与教育教学理论发展背景下，进一步发展已有的教学设计理论和实践，化学信息化教学设计是新的教育教学理念和教学技术与已有教学设计相互融合和渗透的产物。因此，对于化学信息化教学设计的理解和探讨，要在已有的化学教学设计，以及信息技术与化学教学的整合上进行。

（二）化学信息化教学设计的特征

1.化学教学内容和教学目标信息化

教学内容的信息化是指化学教学内容的来源和呈现方式已经不仅仅限于

纸质的教材，而是拓展到日益发展的多媒体化和网络化。化学教学内容的多媒体化是指利用多媒体技术，尤其是超媒体技术，建立化学教学内容的结构化、动态化、形象化表示。已经有越来越多的教材和工具书配套了多媒体版本，不但包括文字和图形，还能呈现声音、动画、视频，以及模拟的“三维”景象等。化学教学内容的网络化是指注重网络教学资源的开发和利用，以支持化学课堂教学和学生的自主合作学习。

化学教学目标信息化主要体现在将信息素养的培养目标融合到化学教学中，如适当地在化学教学目标中加入一些关于运用信息技术学习化学的要求和目标，使得学生在学习化学的同时，提高自己的信息素养，尤其是运用信息技术来提高化学学习的能力；反之，学生信息素养的提高也可以促进化学的学习。化学教学内容与教学目标的信息化是信息技术与化学课程整合的重要内容。

2.教学过程与学习过程信息化

化学教学过程信息化是指教师在化学教学过程中运用各种信息技术来支持自己的“教”，其主要体现在教学策略和教学方法的信息化。例如，在化学教学过程中，关于分子的结构与性质等微观知识，用常规的教学手段很难使学生理解，而使用多媒体计算机辅助教学（Computer Aided Instruction，以下简称“CAI”）对这些微观世界进行模拟，可以使学生比较直观地感知微观粒子的运动，从而有助于他们认识化学变化的本质。另外，在化学教学中要求加强实验教学，而有些有毒的药品、有危险的实验过程、某些不易观察或用普通方法不易操作和实现的化学实验等，无法在课堂上向学生演示，都可以借助 CAI 进行动画模拟或视频演示。

化学学习过程信息化是指学生利用信息技术开展化学的学习。例如，学生可以利用数据处理软件分析和处理化学实验中所收集到的数据，发现规律性的知识；可以在虚拟化学实验室中进行实验探究，完成一些现实条件不允许的实验；可以利用概念图制作工具来制作化学概念的概念地图，加深对化学概念的内涵、外延，以及概念之间联系的理解；还可以在网上开展小组合作、自主探究式学习，以培养探究、合作和创新的精神与能力。在强调以学生为主体的教学改革背景下，促进学生化学学习过程信息化将是信息技术与化学教学整合关注的焦点。

3.评价过程与设计过程信息化

化学教学评价是对化学教学效果进行的价值判断，它直接作用于教学活动的各个方面，是化学教学的重要组成部分，其理论和方法的改进对提高化学教学质量、促进化学教学改革有着十分显著的作用。化学新课程改革对评价理念和评价方法等方面进行了深入的探讨，提出了许多新理念、新方法。改革的目标涉及评价的功能、对象、主体、结果、内容、方式，以及评价者与评价对象的关系等。例如，在评价方式的改革上，强调评价方式多样化，尤其要注重把质性评价与量化评价结合起来，以质性评价统整量化评价。评价理念和评价方法的改革的顺利实现，都离不开评价过程信息化。这是因为信息技术为教学评价提供了许多先进的评价工具，如数据分析软件可用于学生成绩的统计分析，试卷编制工具提高了编制试卷的效率，电子学习档案袋可以方便地对教学过程进行质性评价等。

化学设计过程信息化是指教师在进行化学教学设计的过程中，可以利用各种信息技术来提高设计的效率，促进设计过程的标准化。目前，许多信息技术都可以应用于教学设计过程，如专门为教师备课而开发的电子备课系统，可以帮助教师对教学设计的各个环节进行规划；教师也可以利用制图工具制作教学设计流程图，使得整个教学设计过程清晰而严谨；教师还可以把教学设计过程中生成的各种文档，以电子文档的形式保存下来，建立专门的教学设计文件夹，提高设计过程的可移植性和可重复性。

二、化学信息化教学设计过程模式

教学设计过程模式是一套程序化的步骤，具有许多阶段，通常包括学生的分析、教学目标和内容的分析、教学策略和方法的选择、教学媒体的选择和应用，以及评价的设计等环节。从20世纪60年代末至今，众多的教学设计专家已经开发出数以百计的教学设计过程模式。为了方便研究和应用，有的专家从已有的教学设计过程模式的理论基础和实施方法出发，将教学设计过程模式分为三大类，这对于研究化学信息化教学设计过程模式具有很好的启发意义。

第一类，以“教”为主的教学设计过程模式，主要是基于行为主义学习理论或认知学习理论，侧重设计教师“教”的活动。

第二类，以“学”为主的教学设计过程模式，主要是基于建构主义学习理论，侧重设计学生“学”的活动。

第三类，以“教师为主导，学生为主体”的教学设计过程模式（简称“主导—主体”模式），是在对以“教”为主导和以“学”为主体的教学设计模式进行深入剖析的基础上，综合二者的优点而提出来的。

各种教学设计过程模式都有各自的优点和局限性，因而也就有着特定的适用范围。例如，化学教师讲授概念、事实、规则等良构领域的知识，采用以“教”为主的教学设计过程模式，可提高教学效率；化学教师讲授非良构领域的知识，如问题解决、策略学习，采用以“学”为主的教学设计过程模式，则更加合适。

（一）化学信息化教学设计过程模式的主要内容

有的学者在对已有教学设计过程模式进行综合考察的基础上，结合化学信息化教学设计的概念和特征，提出了化学信息化教学设计过程模式。整个模式的设计充分体现了化学信息化教学设计的总体理念。

1.强调学习理论的选择和运用，指导教学设计的全过程

化学信息化教学设计十分强调学习理论的选择和运用，将其运用到几乎整个教学设计的全过程，特别是化学“教”与“学”的过程设计中，这样就使得整个设计过程更加科学，更加符合“教”与“学”的规律。

2.强调信息技术的设计和应用，全面体现信息化特征

信息技术的设计和应用，相当于已有教学设计过程模式中的教学媒体的设计和应用这一环节，但是在化学信息化教学设计中，将信息技术的设计和应用

这一环节从教学设计的流程中分离出来，使之与教学设计过程的其他环节并列，并指向其他所有环节，意在强调信息技术在整个教学设计过程中的渗透和应用，突出信息技术与化学教学全面整合的教学设计的信息化特征。其中，信息化教学设计特别重视学生的学习过程的信息化设计，使学生在学习化学知识、解决各种富有挑战性的实际问题的过程中，培养信息素养及科学素养。

3.强调教学过程和学习过程的双向互动，以使教学更好地促进学生发展

在化学信息化教学设计过程模式中，人为地将教学设计划分为以“教”为主、以“学”为主和“教为主导，学为主体”三类，也许会给教学设计过程模式述评和分析提供方便，但并不适用于教学设计过程的研究中。从辩证唯物主义认识论的观点出发，教学过程是学生在教师的指导下，对人类已有知识经验的认识活动和改造主观世界、形成和谐发展个性的交往实践活动的统一过程，“教”与“学”的关系是相互依存、相互作用的双向关系，是不可分割的整体。因此，在化学信息化教学设计过程中，将学习过程和教学过程融为一体，充分体现了“教”与“学”的关系和整个教学过程的统一性。

（二）化学信息化教学设计过程模式的主要环节

在开展化学信息化教学设计时，信息技术最直接的应用应该是在设计工作中的应用，即设计过程信息化。因此，教师在进行化学信息化教学设计前，应先选择并确定可以用来辅助教学设计工作的信息技术，如电子备课系统、一些通用的办公应用软件、专门的教学设计工具软件等，并熟悉其应用和操作。在开始进行教学设计时，教师先在计算机上创建文件夹，存储教学设计过程中产生的各种文档、师生“教”与“学”过程中使用的资源和学生的信息化作品，使教学设计工作标准化、信息化。这是教师进行化学信息化教学设计之前，应该做好的准备工作。

1.学生特征分析

一切教学设计的根本目的都是有效地促进学生的学习，而学生是学习活动

的主体，学生具有的关于认知、情感、社会的特征都将对学习的过程和效果产生影响。因此，化学教学设计是否与学生的特点相匹配，是决定化学教学设计成功与否的关键因素。进行学生特征分析，目的就是了解学生的学习准备和学习风格，以便为后续的教学设计环节提供依据。学生分析一般包括学生的起点能力分析、认知风格分析、认知结构变量分析，以及学习的动机和需要分析等。同时，在化学信息化教学设计中，学生分析还应特别包括对学生已有的信息素养和能力的分析。

2.化学教学目标制定和教学内容分析

化学教学目标是教学过程的灯塔和指南针，而教学内容则是教学目标和教学过程的载体，在进行化学教学设计时，教学目标的制定是否明确、具体、规范，教学内容的分析和选择是否合理，直接影响到化学教学能否顺利和有效实施。教师在进行化学信息化教学设计的时候，应该充分发挥能动性，根据教学的实际情况、学生分析的结果，对教学参考书上的教学目的进行分析和具体化，并将其转化为学生的学习目标，从而为教学评价的设计与开展打下基础。

对教学目标进行分析，要掌握一定的教学目标分类理论。国外最具代表性的教学目标分类理论是布鲁姆等人创立的教育目标分类学和加涅提出的学习结果分类理论，我国的教学目标分类理论，主要是根据我国国情对布鲁姆等人创立的教育目标分类学的调整和改进。

教学目标编写时，应采用具体的教学目标编写方法，将教学总目标转化为可观察的、可测量的、可重点说明学生行为或能力变化的具体学习目标。具体的教学目标编写方法主要有美国心理学家马杰的“行为、条件、标准”三要素模式，以及在此基础上提出的 ABCD 模式：明确教学对象（Audience），简称 A；通过学习后学生能做什么，即行为（Behavior），简称 B；上述行为在什么条件下产生，即条件，简称 C；规定评定上述行为的标准（Degree），简称 D。加涅提出的“五成分目标”编写方法比上述方法更为详细，五个成分包括目标的情境、习得的性能的类型、行为的对象、行动动词和工具、限制或特殊条件。

当然，这些主要是通过描述学生行为变化来编写的教学目标，对于化学新课程改革中强调的情感态度与价值观等方面的教学目标并不一定适用，这就要求教师在编写情感态度与价值观等方面的教学目标时，需要进行一定的转换，将这些强调内部心理过程的目标转化为可测量的外显行为变化，使内部过程与外显行为相结合，以描述情感态度与价值观方面的教学目标。

3.教学过程与学习过程的设计

选择好学习理论和教学模式后，就可以根据选择的结果来指导设计进一步的教学过程与学习过程。教学过程的设计主要包括教学内容组织、教学策略设计和教学方法设计，学习过程的设计主要包括学习情境创设、学习策略设计和学习方法设计等。这些环节的设计都应该在前面所选择的学习理论和教学模式的指导下进行。关于教学过程的设计，在以“教”为主的教学设计过程模式中受到重视，由此出现了许多方法和原则；而关于学习过程的设计，则在以“学”为主的教学设计过程模式中受到重视，有很多与之相关的研究。虽然在实际教学设计中，教师可能会对这两个方面各有侧重，但是在设计中必须有整体的教学观，充分发挥师生双方的主动性和积极性，以使整个教学过程向促进学生学习的方向发展。

4.信息技术的设计和应用

信息技术的设计和应用环节是化学信息化教学设计的核心环节，其几乎贯穿于整个教学设计的过程中，从教学目标的制定、教学内容的分析，到教学过程和学习过程的设计，直到最后的教学评价环节，无不渗透着信息技术的设计和应用，体现着教学信息化的特征。

从信息技术在教学设计各个过程与阶段的应用角度来探讨，即探讨在各个阶段如何体现信息化特征。信息技术支持的分类，实际上就和信息技术在教学设计的各个过程与阶段的应用有着一定的对应关系。例如，计算机管理教学（Computer Managed Instruction，简称“CMI”），就可应用于支持教学设计工作和教学评价的设计与开展等；CAI 软件主要应用于教师的教学过程中；学习工具软件主要应用于学生的学习过程中，学生可通过这些软件的使用，来促进自己对化学知识的理解，并开展基于信息技术工具和资源的自主或合作探究。

5.教学评价的设计与开展

教学评价具有对教师教学效果的评价和对学生学习效果的评价，其具有反馈调节、诊断指导、强化激励、教学提高和目标导向等功能，是教学工作的一个重要组成部分。根据教学评价在教学活动中的不同作用，可分为诊断性评价、形成性评价和总结性评价。

化学新课程改革中的一个重点，就是课程与教学评价的改革，在评价方式上，强调评价方式多样化，尤其注重把质性评价和量化评价结合起来，以质性评价统整量化评价。质性评价方法主要包括观察法、访谈法、情境测验法、行为描述法和档案袋评价法等。其中，档案袋评价法，又被称为学习档案评价法，是近年来受到广泛关注的一种新型评价方式。学习档案袋是用以显示有关学生学习成就或持续进步信息的一连串表现、作品、评价结果，以及其他相关记录和资料的汇集。学生学习档案袋评价是指通过分析学生学习档案袋的制作过程和最终结果，而进行的对学生发展状况的评价。由于学习档案袋的制作和分析涉及大量的数据和资料，完全依靠人工的方法来完成必然会给教师带来极大的工作量，给评价工作带来不便，信息技术的运用则可以在很大程度上解决这一问题。一般情况下，人们将应用信息技术来制作和分析学习档案袋的评价方式称为电子档案袋评价，这是信息化教学设计特征的一大体现。

第五章 化学教学评价体系与教师专业发展

第一节 评价的目的与方法

化学课程评价既要促进全体学生在科学素养各个方面的共同发展，又要有利于学生的个性发展。积极倡导评价目标多元化和评价方式多样化，坚持终结性评价与过程性评价相结合、定性评价与定量评价相结合、学生自评与他人互评相结合，努力将评价贯穿于化学学习的全过程。

一、当前我国基础教育评价中存在的问题

第一，在评价内容上，过多地倚重学科知识，特别是教材上的知识，而忽视了对实践能力、创新精神、心理素质及情绪、态度和习惯等综合素质的考查。

第二，在评价标准上，过多地强调共性和一般趋势，忽略了个体差异和个性发展的价值。

第三，在评价方法上，仍以传统的纸笔考试为主，过多地倚重量化的结果，而很少采用体现新评价思想、质性的评价手段与方法。

第四，在评价主体方面，被评价者多处于消极的地位，基本上没有形成教师、家长、学生、管理者等多主体共同参与、交互作用的评价模式。

第五，在评价重心方面，过于关注结果，忽视被评价者在各个时期的进步状况和努力程度，没有形成真正意义上的过程性评价，不能很好地发挥评价促

进发展的功能。

二、新课程提出的教育评价的改革重点

新课程评价对课程的实施起着重要的导向和质量监控的作用。评价的目的功能、评价的目标体系和评价的方式方法等，都直接影响着课程培养目标的实现，影响着课程功能的转向与落实。20 世纪 80 年代，世界各国对课程的结构、功能、资源和权利等重新进行思考和定位。在开展一系列课程改革的同时，越来越多的国家意识到，实现课程变革的必要条件之一就是要建立与之相适应的评价体系和评价工作模式。因此，课程评价改革成为世界各国课程改革的重要组成部分。

总的来说，新课程教育评价体现出如下特点：重视发展，淡化甄别与选拔，实现评价功能的转化；重视综合评价，关注个体差异，实现评价指标的多元化；强调质性评价为统领，与量化评价相结合，实现评价方法的多样化；强调参与互动、将自评与他评相结合，实现评价主体的多元化；注重过程，将终结性评价与形成性评价相结合，实现评价重心的转移。

（一）学生评价改革的重点

新课程强调改变过去注重知识传授的倾向，强调学生要形成积极主动的学习态度，使获得基础知识和基本技能的过程，成为学生学会学习和形成正确价值观的过程。因此，对学生的评价，不仅要关注学生的学业成绩，而且要注重发现和发展学生多方面的潜能，了解学生发展中的需求。

1.建立促进学生全面发展的评价体系

建立促进学生全面发展的评价体系，新课程评价不仅要关注学生的学业成绩，而且要发现和发展学生多方面的潜能，为学生的个性化发展提供依据和支持。所以，新课程评价在学生发展方面的指标体系，包括学生的学科学习目标、一般性发展目标和个性化发展目标。

2.重视课程评价方式方法的灵活性、开放性和多元化

教师不能仅仅依靠纸笔考试，作为收集学生发展证据的手段，教师要关注过程性评价，及时发现学生发展中的需要，重视课程评价方式方法的灵活性、开放性和多元化。帮助学生认识自我、建立自信，激发其内在的发展动力，从而促进学生在原有水平上的发展，实现个体价值。

3.考试新方法的探讨

考试只是对学生学业成绩评价的一种方法，教师要将考试评价和其他评价方法有机结合起来，全面描述学生发展的状况。教师应改变以纸笔测验作为考试唯一手段的观念，根据考试的目的、性质和对象等，选择灵活多样的考试方法，加强对学生能力和素质的考查。改变过分注重分数、简单地以考试结果对学生进行分类的做法，而应对考试结果做出分析、说明和建议，形成激励性的改进意见或建议，促进学生的发展，减轻学生的压力。

（二）教师评价改革的重点

新课程的评价要建立起促进教师不断提高的评价体系，强调教师对自己教学行为的分析与反思，建立以教师自评为主，校长、教师、学生、家长共同参与的评价制度，使教师从多种渠道获得信息，不断提高教学水平。

第一，学校要打破以学生学业成绩来评价教师工作业绩的做法，建立促进教师工作能力不断提高的评价指标体系。这一指标体系包括教师的职业道德、对学生的了解和尊重、教学实施与设计，以及交流与反思等。一方面，以学生全面发展的状况来评价教师工作业绩；另一方面，关注教师的专业成长与需要。这些是促进教师不断提高的基础。

第二，学校强调以自评的方式，促进教师提高教育教学反思能力，倡导建立教师、学生、家长和管理者共同参与的、体现多渠道信息反馈的教师评价制度。一方面，评价主体的扩展，可以加强对教师工作的管理和监控；另一方面，可以发展教师的自我监控与反思能力，重视教师在自我教育和自我发展中的主体地位。此外，要将评价的立足点放在教师未来的发展上面。

第三，打破关注教师的行为表现、忽视学生参与学习过程的传统课堂教学评价模式，建立“以学论教”的发展性课堂教学评价模式。即课堂教学评价的关注点应转向学生在课堂上的行为表现、情绪体验、过程参与、知识获得与交流合作等诸多方面，而不仅仅是教师在教学过程中的具体表现，教师的“教”要真正地服务于学生的“学”。这一转变，对教师教学能力的重新界定、学校教学工作的管理来说，其冲击将是巨大的。

（三）考试的改革重点

1.在考试内容方面

化学考试内容应加强与社会实际和学生生活经验的联系，重视考查学生分析问题、解决问题的能力。即关注学生动手能力和创新思维的发展，淡化以记忆性内容为主的考试。传统的考试普遍以答案唯一的记忆性、技巧性或速度性的内容为主，近年来的大量研究表明，学生能够背诵概念和公式，并不等于真正理解了内容；当学生能够正确应用知识解决问题，即使不能完整复述或背诵其定义，也意味着学生对内容的真正理解并掌握。鉴于此，新课程倡导在考试内容方面，应少考一些名词解释、计算速度、计算技巧方面的内容，而应多考一些与生活实际相关联的、能体现综合利用的、需要创新思维的内容，以反映学生对知识真正理解的状况。考试命题应依据课程标准，杜绝设置偏题、怪题等现象。考试内容的这一变革，将使传统的通过增强技巧熟练性和速度、提高记忆准确性来换取高分的教学方式，受到前所未有的挑战。这种变革要求教师必须打破陈旧的教育观念和教学策略，调整自己的教育教学行为，关注学生作为“人”的发展，关注学生综合素质的发展，关注学生的全面发展。

2.在考试方式方面

传统的考试以纸笔考试为主，这种方式无法适应考试内容方面重实践、重创新等的变化。例如，学生的实践动手能力，就不能单凭一张考卷体现和说明的，这种能力需要放到实际环境中，教师通过观察学生的操作，才能较好地做出评价。因此，新课程倡导化学考试方式灵活多样，应体现先进的评价思想，如自考、编制试卷、辩论、课题研究、写论文、制作作品、情景测验等。在非毕业考试、非升学考试中，新课程鼓励采用开卷考试的方式，在综合应用过程中考查学生的发展状况。同时，学校可试行提供多次考试的机会，同一考试也可多样化呈现，给予学生选择的空间。考试还可分类、分项进行，考试的方式应灵活多样，同时体现学生生动、活泼、主动发展的需要。

3.在考试结果处理方面

在考试结果处理方面，教师要做出具体的分析指导，不得公布学生成绩或按考试成绩排名。考试和其他评价方法一样，是为了促进学生的发展。因此，对考试结果的处理应加强分析指导，重在为学生提出建设性的意见，而不应让考试成为给学生“加压”的手段。教师应根据考试的目的灵活选择对考试结果的处理方式，如公开反馈或匿名反馈、完全反馈或不完全反馈、群体参照反馈或个体参照反馈等。学生有权决定如何公布学习成绩，学校和教师应尊重学生的权利，关注学生的处境和发展中的需要，保护学生的自尊、自信，认真思考，谨慎选择，采用以激励为主的方式反馈考试的结果，促进学生在原有水平上的发展。

4.关于升学考试与招生制度

新课程倡导改变将分数简单相加作为唯一录取标准的做法，考虑学生综合素质的发展，建议教师参考其他评价结果（如学校推荐性评语、特长、成长记录袋等），将形成性评价与终结性考试结合起来。传统的将分数简单相加的做法，其实是掩盖了或者混淆了学生发展中的问题，不利于对学生发展进行有效的分析，不利于形成有的放矢的改进计划。此外，毕业考试应与升学考试分开，因为前者重在衡量学生是否达到毕业水平，后者具有选拔的性质。

考试改革并不能解决课程改革中的所有问题，也不是课程改革成败的决定因素。真正影响课程改革问题的关键是观念，是建立符合时代发展要求的新课程观、教育观、质量观、学生发展观和教师观等，而不是某种方法和技术。

三、评价目标多元化

评价的基本功能是诊断与甄别、促进与发展、调整与管理，但核心依据是课程标准和目标，同时，评价要服务于课程标准和目标。这意味着评价目标的设计和实施必须紧密围绕课程的目标和要求进行。因此，课程目标的多元化决定了评价目标的多元化。评价目标多元化主要表现在评价目标内容的多元化和评价目标要求的多元化两个方面。

（一）评价目标内容的多元化

化学课程目标将“促进学生科学素养的全面发展”作为化学教学的根本宗旨，因此，新的评价将不再仅仅评价学生对化学知识的掌握情况，而是更加重视对学生科学探究意识和能力、情感态度与价值观等方面的评价。评价目标的内容包括知识与技能、过程与方法、情感态度与价值观这三个方面。从学生的成长来看，评价目标的内容包括认知性学习目标领域、技能性学习目标领域和体验性学习目标领域。

（二）评价目标要求的多元化

对于具有不同发展趋向的学生，教师应采用不同的评价要求，以利于学生的发展。例如，高中阶段的学生由于发展方向不同，课程内容的学习各异，学生所选择的课程模块不同，所以教师没有必要、也不可能对所有学生做出相同的化学学习要求。

四、评价方式多样化

由于课程评价目标具有多元化，教师对不同的课程目标不能采用相同的评价方式，如情感态度与价值观不可能完全通过纸笔测验来评价。每一种评价方式对于不同的领域来说，各有优点和不足，没有一种评价方式对学生各个领域的评价都是最优化的。因此，评价目标的多元化势必带来评价方式的多样化，在课程标准对评价方式多样化的要求中，主要包括纸笔测验、学习档案评价和活动表现评价等方式。

（一）纸笔测验

纸笔测验是一种重要而有效的评价方式。在化学教学中运用纸笔测验，教师应将重点放在考查学生对化学基本概念、基本原理，以及化学、技术与社会的相互关系的认识和理解上，而不宜放在对知识的记忆和重现上；教师应重视考查学生综合运用所学知识、技能和方法分析问题、解决问题的能力，而不单是强化解答习题的技能；教师应注意选择综合性、开放性的问题，而不宜孤立地对基础知识和基本技能进行测验。

纸笔测验是常用的评价方式，主要以学生认知领域为考查内容。新课程的纸笔测验注重考查学生解决实际问题的能力，既要评价学生对化学知识的掌握情况，又要关注学生对化学现象和有关科学问题的理解与认识的发展情况，而不再纠缠对概念、名词、术语和具体细节事实的记忆和背诵，更加重视学生应用所学的化学知识分析和解决实际问题能力的考查与评价。教师在进行纸笔测验时，要注意以下两个方面：

第一，评价学生化学知识的掌握情况时，要注意设计的测验试题具有一定的层次性。学生对化学知识的学习过程和对学生学习情况的检测要求，由低到高可分为三个层次，即陈述性知识、程序性知识和探索性知识。

陈述性知识用于解决“是什么”的问题，学生的认知水平为说出、识别、描述等，知识的形态为表层化的知识。例如，不同的碱金属与水反应的情况不同，以此检测学生对钠、钾的化学性质、反应方程式的书写及反应现象的描述等知识点的掌握情况。

程序性知识用于解决“怎么用”的问题，学生的认知水平主要为理解、解释、说明、转化、分析、解析和推断等，知识的形态为内化的知识。例如，学生从原子结构、元素的金属性、单质的还原性角度，分析不同的碱金属与水反应的程度不同的原因。

探索性知识即运用相关知识（某一学科或几个学科的知识）分析、解决现实的情境问题，解决“怎么办”和“如何做”的问题，认知水平为应用、设计、评价、解决和证明等，知识的形态为升华的知识。例如，用什么样的实验能向学生说明碱金属单质的还原性自上而下逐渐增强。只有当学生能将不同的碱金属与水反应程度不同的反应事实，内化成与单质的还原性相联系，并能转化成一种化学的实验方法和思考方法，即用同一氧化剂与不同还原剂反应，根据反应的剧烈程度来判断还原剂的强弱，这一知识内容才得到了升华。

教师设计测验试题时，要克服纸笔测验只注重陈述性知识、忽视程序性知识和探索性知识的倾向。

第二，纸笔测验要通过实际情境的综合性和开放性问题来考查，这样既能了解学生掌握有关知识、技能和方法的程度，又能突出对学生解决实际问题能力的有效考查，还应重视对学生科学探究能力、情感态度与价值观等方面的评价。

（二）学习档案评价

学习档案评价是促进学生发展的一种有效的评价方式。教师应培养学生自主选择和收集学习档案内容的习惯，给他们表现自己学习进步的机会。学生在学习档案中可收录自己参加活动的重要资料，如实验设计方案、探究活动的过程记录、单元知识总结、疑难问题及其解答、有关的学习信息和资料、学习方法和策略的总结、自我评价和他人评价的结果等。教师要进行学生学习档案评价，就必须明确学生档案袋的评价内容和评价需注意的问题。

1.学生档案袋的评价内容

学生档案袋有多种形式，按照建立档案袋的对象，可分为学生自己建立的档案袋和教师为学生评价建立的档案袋两类，后者包括前者的所有内容；按照学习的时限，可分为学年学习档案、学期学习档案和单元学习档案。

教师为学生建立评价档案袋的目的是收集和分析反映学生学习情况的数

据和证据。在制作学生学习档案袋时，需要经常考虑为了展现学生对知识的真正理解情况，档案袋里应包含哪些东西。

2.档案评价需注意的问题

教师要对收集的数据和证据进行分析，并形成一个对学生学习情况的分析报告，客观地描述学生当前的学习情况。在评价过程中，需要注意如下问题：应选取具有典型性、针对性的数据和材料进行分析；应对各种测评手段的数据进行综合分析，以全面描述学生的发展情况；如果有纵向（前一学年等）的数据，则应包括纵向分析；如果可以获得其他组（班级、年级、学校）的对比数据，则应通过横向比较来分析学生的发展情况。

（三）活动表现评价

活动表现评价是一种值得倡导的评价方式。这种评价是在学生完成一系列任务（如实验、辩论、调查、设计等）的过程中进行的。它通过观察、记录和分析学生在各项学习活动中的表现，对学生的参与意识、合作精神、实验操作技能、探究能力、分析问题的思路、知识的理解和应用水平，以及表达交流技能等进行评价。活动表现评价的对象可以是个人或团体，评价的内容既包括学生的活动过程，又包括学生的活动结果。

活动表现评价要有明确的评价目标，应体现综合性、实践性和开放性，力求在真实的活动情境和过程中对学生在知识与技能、过程与方法、情感态度与价值观等方面的进步与发展进行全面的评价。

1.活动表现评价与传统认知评价的比较

活动表现评价是建立在对传统的纸笔测验批判的基础上的。研究认为，传统的纸笔测验评价方法有一定的不足，如测验内容关注低水平知识、孤立的内容与技能；测验仅能测出结果，但没有考虑学生的思维与问题解决的技能；客观选择题比例高，不能测出学生在现实生活中的应用理解能力。与传统的纸笔测验相比，活动表现评价的优点为：涉及较高水平的思维能力与问题解决能力；可促使学生在实际中应用所获得的知识和能力；让学生力求表现出创造、设计能力。

2.活动表现评价案例设计

活动表现评价是用来评估学生完成任务的过程、结果和产品的质量体系。它将学习与活动结合起来，使学生在活动中培养综合能力和科学素养，同时对学生进行综合评价。这种评价要求学生实际完成某种任务或一系列任务，如做实验、操作仪器、辩论、调查、实验设计和制作概念图等，从中表现出他们在理解与技能上的成就。这种评价的根本特点是力求在真实的活动情境中测出学生的行为表现，因此，活动表现评价的设计力求在活动过程中反映学生的所想、所做与课程目标要求的差异。

第二节 化学学习与课堂教学评价

一、学生化学学习评价

（一）化学学习评价的概述

化学学习评价是指评价主体依据一定的教育目标，确定化学学科课程的具体标准，通过测验、测量等多种方法，对学生的化学学习情况进行系统分析和综合判断，并在此基础上对学生形成价值判断的过程。

新课程化学学习评价以课程标准为依据，以新的课程改革理念和学习观为基础，对学生在知识与技能、过程与方法、情感态度与价值观方面，给出较为客观、公正、全面的评价，反映学生的发展情况。

（二）发展性评价

顾名思义，发展性评价是以促进学生的全面发展为根本目的的学生评价理念和评价体系。发展性评价是集形成性评价和总结性评价于一体的多维评价方式，有以下几个基本特点：

1.在评价目的上，强调创造适合学生发展的教育

新课程提出的发展性评价思想，是以创造适合学生发展的教育为评价的根本目的。发展性评价思想的培养目标，是通过对学生学习过程和结果的系统分析、及时反馈，对学生做出价值判断。教师不仅要注重学生过去与现在的表现，更要重视学生的未来发展；不仅要关注学生的学习结果，更要关注学习过程；不仅要对学生基础知识与基本技能的掌握情况进行评价，更要对其学习能力、科学探究精神，以及情感态度与价值观等方面进行全面评价，从而创造适合学生发展的教育。

2.在评价功能上，强调改进与激励功能，促进学生发展

在新课程理念下，对学生评价的根本目的是更好地促进学生的发展，突出评价的发展性功能是评价改革的核心。这种发展性评价不能只关注结果，更要注重学生的成长过程，要有机地把形成性评价与总结性评价结合起来，使学生成长的过程成为评价的组成部分，教师要发现学生的特长，展示学生的才华，发挥评价的改进及激励功能。

3.在评价内容上，注重综合素质评价，关注个体差异

教育不但要为社会培养合格的人才，而且要使每一个学生成为有能力追求幸福生活的个体。新课程强调培养目标和评价内容的多元化，不仅包括基础知识和基本技能，而且包括学习过程与方法、情感态度与价值观。学生在学习活动和未来的生活与工作中，其知识与技能、情感态度与价值观，以及学习过程与方法是紧密联系的整体，忽视任何一个方面，都可能造成学生发展的偏颇。

新课程提出注重对学生进行综合素质评价，特别是要关注学生的个体差异。心理学和社会学的研究表明，每个学生都具有不同于他人的先天素质和生

活环境，都有自己的爱好、长处和不足。学生的差异不仅表现在学业成绩上，还表现在生理特点、心理特征、动机兴趣和爱好特长等各个方面。发展性评价强调教师要关注学生的个别差异，理解学生个体发展的需要，尊重和认可学生个性化的价值取向，正确判断每个学生的不同发展潜能，为每个学生制定个性化的发展目标和评价标准。

4.在评价方法上，强调质性评价，实现评价方法的多元化

新课程强调培养学生的探究、实践和创新能力，强调学生评价以质性评价为主，强调多元化的评价方法。质性评价从本质上并不排斥量化评价，它常常与量化的评价结果整合起来应用。每种评价方法都有自己的优势和不足，对于基础性的知识点，用纸笔测验更能保证评价的覆盖面和深入程度，而用表现性评价才能很好地评价学生的探究、实践和创新能力。因此，只有综合运用各种方法，才能全面、客观、公正地评价学生的发展，更清晰、更准确地描述学生的现状和进步。

5.在评价主体上，强调参与和互动，实行多主体评价

发展性评价注重评价对象的个人价值，重视提高评价对象的参与意识和主体意识，发挥其积极性。新课程提倡改变教师单独评价学生的状态，鼓励学生本人、同学、家长等参与到评价中，将评价变为多主体共同参与的活动。鼓励学生进行自我评价，提高学生的学习积极性和主动性，更重要的是，自我评价能够促进学生对自己的学习进行反思，有助于培养学生的独立性、自主性和自我发展、自我成长能力。学生对他人评价的过程，也是学习和交流的过程，有助于学生清楚地认识到自己的优势和不足。多主体评价能够从不同的角度，为学生提供有关自己学习、发展状况的信息，有助于学生更全面地认识自我。

二、实施化学课堂教学评价

（一）课堂教学评价概述

课堂教学评价是指评价主体按照一定的价值标准，对课堂教学诸因素及发展变化进行价值判断，是以教学目标为依据，对课堂教学设计、施教、教学效果给予价值性的判断，以提供反馈信息，使教师进一步明确教学目标，了解自己的教学策略和方法。

化学课堂教学评价的基本内容包括以下四个方面：

1.课堂教学目标

课堂教学目标能否实现，在判断课堂教学质量高低上具有非常重要的作用。现代课堂教学目标应以人的发展为根本宗旨，应将学生作为认识、发展的主体，注重学生情感态度与价值观的养成；注重培养学生创新精神和实践能力、自我体验和自我调控能力、与人交往和合作能力；注重学生对基础知识和基本技能的掌握情况；课堂教学目标应具体、明确，有层次性和可操作性，反映化学学科的特色。

2.教学条件的准备和学习环境的创设

教学条件的准备和学习环境的创设，是课堂教学质量的重要保证。教师应正确理解和创造性地使用教材，教学内容的选择应具有时代性、基础性和综合性，体现科学性与人文性；学习环境的创设应激发学生进一步学习的兴趣，启发学生思考，鼓励学生创新；教师应恰当地运用信息技术，合理利用教学资源进行课堂教学。

3.教学过程

现代课堂教学应该是以学生为主体的课堂教学，通过学生的主动学习来促进学生的发展，课堂教学策略与方法应体现这一特点。教师应为每个学生提供主动参与的时间和空间，为学生提供自我表现的机会，从而拓展其发展的空间；教师应通过师生互动和生生互动，促进相互间的充分交往和情感交流，鼓励学生采取合作学习的方式，培养学生学会“倾听、交流、协作、分享”的合作意识和交往技能；教师应创设有利于学生探究的问题、活动情境，从而培养学生的创新精神和实践能力；学生在课堂教学中具有良好的情绪状态，有助于学生享受体验成功的愉悦。

4.教学效果

课堂教学评价中极为重要的依据就是教学效果的检查。教学效果可从以下几方面体现：

第一，能达到预期的教学目标，能够激发学生的学习兴趣，促进学生知识结构的形成和基本能力的发展。

第二，通过知情交融的活动方式，促使学生自主性、主动性的发挥和社会性的形成。

第三，让学生获得成功的心理体验，感受生活的乐趣，体验创造和成功的喜悦。

上述课堂教学评价标准只是从宏观层面，以及课堂教学的共性出发，主要对化学学科课堂教学评价起导向作用，不能直接作为化学学科的课堂教学评价工具。另外，课堂教学评价标准不应面面俱到，并不是上述维度都必须体现在每一堂课中，课堂教学评价还应该考虑面向不同层次的问题。

（二）化学课堂教学评价的要求、策略和原则

1.化学课程对教师教学的要求和评价策略

课程改革的核心环节是课程实施，而课程实施的基本途径是教学，如果教学观念不更新，教学方式不转变，课程改革就将流于形式、事倍功半，甚至劳而无功。教师教学评价改革中最重要的问题是，评价教师教学工作的重点、内容和标准必须有利于教学观念和教学方式的转变，这样才有可能保证学生学习方式的转变，从而落实课程标准的目标和要求。

对教师教学工作进行评价的基本要求，是以《基础教育课程改革纲要》和新的课程标准为基准，有利于促进学生科学素养的全面发展，有利于发挥教师

教学工作的主动性、积极性和创造性，有利于教师实现教学观念和教学方式的转变，有利于教师角色的积极转变，有利于良好的校园文化的建设，有利于教师反思意识和专业能力的发展。对教师教学工作进行评价的重点和内容应包括以下方面：

（1）教师的教育教学观念

教师拥有怎样的课程观、学生观和评价观，对于教师开展教学工作非常重要。其中，教师是否愿意接受新鲜事物，是否愿意并善于进行自我反思、不断地调整和发展自我，更是重中之重。

（2）教师的教学基本功

新课程对教师教学基本功的要求不是降低了，而是提高了。例如，教师的语言和表达能力如何，教师的板书和书写技能如何，教师能否清楚流畅和重点突出地表达自己的观点，教师是否善于发现和概括别人的观点，教师的演示和实验技能如何，等等。

（3）教师课堂教学的策略水平

评价教师课堂教学的策略水平，要看教师在教学过程中是否善于提出驱动性问题、引发和组织学生讨论，是否善于处理课堂中出现的突发事件，是否善于调动全体学生积极参与、控制和减少课堂中的无关行为，是否善于引导学生或驱动学生自己提出问题、形成假设、制订计划、实施实验、收集处理有关数据资料、概括得出结论、进行合理的解释推论，是否善于在学生学习的过程中对学生的学习行为进行适时、适当、有效的评价和指导，是否能够运用合理有效的手段或策略揭示学生已有的认识和观点，是否能够运用有利的事件事实、问题情境、实验证据、模型推理等方法策略使学生现有认识和观点发生积极的转变和发展。

对教师课堂教学的评价应该更注重上述各方面，而不是教师是否按时完成规定的教学任务；应更加关注学生在课堂中的感受和收获、发展和变化，而不是教师讲了多少、做了多少。

对教师的课堂教学进行评价，可以从如下方面入手：了解学生在课堂上主动提出问题的次数和质量；学生分组讨论和实验活动时是否积极、有序；课堂上所研究的问题是否有价值，问题是由学生自己提出的，还是由教师提出的；教师是否鼓励学生自己针对问题发表观点和意见，学生有无针对问题的答案提出自己的假设；课堂上所学习的内容是否与课程标准相关，教学是否体现课程标准的要求等。

除此之外，还应该评价教师为课堂教学做了哪些准备，为了克服教学中的困难做了哪些努力，为学生做了哪些辅导和服务，选择了哪些有意义的课程资源，教师是如何处理课程标准、教材、课程资源与课时之间的关系等。

2.化学课堂教学评价应遵循的几个原则

化学新课程的实施，迫切需要与之配套的化学课堂教学评价方法。在新课程理念下，化学教师课堂教学评价要以新课程理念和现代教育评价理论为基础，要以促进教师的专业化发展为目的，制定一套完整的化学课堂教学评价方案，并付诸实施。

评价原则是构建和实施评价总的要求，反映了评价的指导思想，即人们期望评价处于何种状态、达到怎样的效果。因此，评价原则是评价方案和评价实施过程的灵魂。综合新课程理念下，化学教师课堂教学评价观和现代教育评价理论，对评价方案的制定和实施提出以下原则：

（1）评价功能的发展性原则

评价功能是评价方案内的各要素按一定结构组合后所具有的工作能力。在新课程理念下，化学教师在化学课堂的教学评价要具有促进教师发展的功能。一是要促进化学教师对自己教学行为的分析与反思，促进其对新课程理念有更深、更透彻的理解，能进一步落实到位，提高课堂教学的策略水平，从而最终促进学生的发展。二是通过评价的实施，化学教师热爱化学教学事业的情感获得发展，化学教师把化学教学作为自己人生价值得以实现的途径，让自己的个性在其中获得展示和凸显。

（2）评价方式的多样化原则

化学课堂教学的评价方式是在评价化学课堂教学时所采取的方法和形式。

一般意义上，人们通常将评价方法分为量化评价和质性评价两种，将课堂教学评价的形式按评价的主体划分为他人评价、教师自我评价和学生评价三种。

化学课堂教学是一种复杂的教育现象。因此，在新课程理念下，化学教师的课堂教学效果评价应坚持评价方式多样化的原则，要采用以质性评价为统领，与量化评价相结合，以教师自评为主，包含他人评价和学生评价在内的灵活多样的形式。

（3）评价内容的全面性原则

传统的化学教师课堂教学评价往往只以学生的考试成绩为评价内容，或只以教师在课堂上展现的教的情况为评价内容。这些信息显然不是化学课堂教学的全部，其评价的结果也必然不够客观和真实。

在新课程理念下，化学教师课堂教学评价应全面收集化学课堂教学的各种信息，这些信息既要包括学生学习的状态、在学习中的情感和体验、对教师教学的意见、学习收获，还要关注教师教学的情况，考虑教师在教学过程中的感受和体会等。只有评价内容是全面的，才可能保证评价结果是客观的，从而保证评价功能的有效发挥。

（4）“以学论教”的原则

任何评价活动都是有目标导向的，化学课堂教学评价也不例外，其目标是促进学生和教师两个方面都有发展。化学课堂教学活动的目的是促进学生的全面发展。因此，新课程理念下，化学教师课堂教学评价的标准应着眼于学生，坚持“以学论教”的原则，即以学生情绪状态、交往状态、思维状态和目标达成状态来评价教师的教学效果。

同时需要指出，“以学论教”并不是以“评学”代替“评教”。“评学”与“评教”不同，“评学”代替不了“评教”。具体原因有以下几个方面：

第一，二者的直接目的不同。“评学”是为了促进学生的全面发展，而“评教”是为了促进教师的发展。

第二，评价的范围不同。“评学”一般只关注学生，不把教师列为评价对象，而“评教”既要着眼于学生是否获得了应有的发展，又要着眼于教师从确定教学目标到教学设计，以及教学实施过程的各个方面所表现出的素质和水平。

第三，“评学”与“评教”都关注学生，但关注的侧重点不同。“评学”既要评价学生的总体学习状况和学习成果，又要关注学生个体的学习成效，而“评教”虽也关注学生个体是否获得了发展，但更多的是从学生群体的状态来评价教师的教学状况。

第四，学生的状态和学习成效不完全取决于教师。学生在课堂上的状态和学习成效虽然与教师有直接关系，但并不是完全取决于教师。因此，“评教”不等于“评学”，不能以“评学”代替“评教”，但“评教”与“评学”又是相互联系的，“评教”以“评学”为基础，二者有共同的涵盖区域，而且它们的最终目的又是相同的，那就是提高学生的科学素养，这是在“以学论教”时教师应特别注意和把握的。

（三）化学课堂教学评价的基本要素

新课程以发展性教育为基本理念，从发展性教育的角度出发，化学课堂教学评价包含以下几个基本要素：

1.教学目标：以促进学生的发展为根本宗旨

以往，人们主要把教学目标定位在对知识，特别是教材内容的掌握上，对教材以外的目标考虑较少。当前，在现代教学思想的指导下，化学课堂教学目标的确立越来越强调以促进学生的发展为根本宗旨，从知识与技能、过程与方法、情感态度与价值观三个维度来确立。教学目标除了要求在课堂教学中，对化学学科基础知识、基本技能及基本学习能力、相应的思想品德等基础目标的制定，要科学、明确、切合实际外，还要重视学生主体性发展目标和体验性目标的实现，即在课堂教学中应注意发展学生的自主性、主动性和创造性，并通过教师与学生间的情感交流，营造民主、和谐的课堂教学氛围，让每名学生都能获得成功的心理体验，感受到课堂生活的乐趣和愉悦。同时，教师对教学的重点和难点确定要合情合理。

2.教学过程：应做到“生动、主动、互动”

（1）生动

生动是对教师教学过程中，关于教学内容、教学方法、教学策略的选择，以及教学能力表现的总体要求，可大体分为以下几个方面：

教学设计：科学合理、独特新颖、详略得当。

情境创设：联系实际、适时恰当、启迪思维。

过程调控：因势利导、随机应变、环节紧凑。

方法应用：切合实际、激发兴趣、媒体得当。

也就是说，教师要正确理解教材，并根据学生的实际发展水平和特点创造性地使用教材，合理确定重点和难点，精选具有基础性、范例性和综合性的学科知识，让学生掌握扎实的基础知识和化学学科基本结构。同时，教学内容应充实并反映现代科学技术和学术研究的新成果。

教学内容应具有挑战性，能激发学生的学习兴趣和求知欲望，能引导学生积极思考，能吸引学生主动参与。教师要重视教学内容的文化内涵，教学内容要体现科学性、人文性和社会性的融合；教师要关注教学内容的实践性，密切联系社会实际和学生生活实际，通过多种形式的教学实践活动，理论与实际相结合，培养学生的动手实践能力和分析、解决实际问题的能力。

教师要较好地组织、管理和监控课堂教学，根据课堂上不同的情况调节课堂教学节奏；教学容量要适当，教学结构要清楚，时间安排要合理；教师要具备较强的应变能力，熟练运用现代教学技术手段及教具来演示实验，实验要操作规范；教学语言要精练、简明和生动；板书设计要合理，字迹要工整。

（2）主动

主动是对学生在教学过程中的情绪状态、参与方式、参与品质和参与效果等主体性表现的总体要求，可大体分为以下几个方面：

情绪状态：情绪饱满、状态良好、兴趣浓厚。

参与方式：积极主动、方式多样、配合默契。

参与品质：能思善问、善于动手、能够交流。

参与效果：体验过程、掌握方法、提高能力。

活动时空：分配合理、参与面广、活动率高。

现代课堂教学是学生在内部活动和外部活动的基础上，主动用现有的知识结构去同化或顺应外部世界的过程，是学生自己建构知识意义的过程。学生积极主动地参与课堂教学活动，能够形成独立获取知识、创造性地运用知识解决现实问题的能力及良好的个性和人格。

好的课堂教学，学生必将情绪饱满，兴趣浓厚，主动学习。好的课堂教学通常具有如下特点：学生有主动参与的时间和空间，有自我表现的机会和学习的主动权；学生能通过自我选择、自我监控、自我调节，逐步形成自我学习的能力；学生能在原有基础上或不同起点上获得最优发展，形成自己的特色和鲜明个性；学生能经常体验到学习和创造的乐趣，创新意识和创新精神得到培养，形成独特的创造力。

（3）互动

互动是对课堂教学信息交流的总体要求，大体可分为以下两个方面：

师生交流：教学互动、平等参与、善于沟通。

同学交流：体现合作、气氛热烈、机会均等。

体现现代教学思想的课堂教学，是非常关注课堂中体现出来的群体间人际关系和交往活动的，会积极建立群体间的合作学习关系。其教学组织形式是集体教学与小组合作学习相结合，教师与学生分别在“权威、顾问、同伴”三重角色的选择中、“竞争、合作”两种关系的处理中，形成良性发展的和谐关系。这种关系是一种相互接纳、相互理解的合作、民主、平等、和谐的人际关系。好的课堂教学是师生共同建构学习主体的过程，它通过多样、丰富的交往形式，有意识地培养学生具备倾听、交流、协作、分享的合作意识和交往技能，并让学生在实质性的讨论中真正地交流想法、丰富见解。

3.教学效果：使学生获得发展

教学效果是指学生通过有效的课堂教学获得发展。发展就其内涵而言，指的是知识与技能、过程与方法，以及情感态度与价值观三者的协调发展。学生的具体表现为：在认知上，从不懂到懂，从少知到多知，从不会到会；在情感上，从不喜欢到喜欢，从不热爱到热爱，从不感兴趣到感兴趣。

只有有效的课堂教学，才能有好的教学效果。有效的课堂教学是指教师遵循教学活动的客观规律，以尽可能少的时间、精力和物力投入，取得尽可能好的教学成果，从而实现特定的教学目标，满足社会和个人的教育价值需求而组织实施的课堂教学活动。课堂教学活动的有效性正是在教学效果中体现出来的，教师和学生共同活动引起身心素质变化，并使之符合预定目标。

一般认为，对于化学学科来说，经过一堂课或者一个阶段的教学，学生能够保持持续的学习兴趣，取得明显的学习收获，创新意识和实践能力有明显的提高，这就是课堂教学有效性的基本内涵。而兴趣和收获，就是衡量化学课堂教学效益的两个主要依据。

（1）学生有兴趣是课堂教学有效性的前提

兴趣是驱使学生去学好功课的内在动力。现代心理学认为，青少年心智发展的根本原因是一种内在的认知需要。学生在学习过程中不断碰到新的问题，就产生了探究的求知欲望，从而激发出学习的积极性。

（2）学生有收获是课堂教学有效性的体现

课堂学习必然要讲求收获和回报。因此，学习收获作为衡量课堂教学有效性的重要依据，必须在课堂教学中具有明显的体现，其具体内容包括以下两个方面：

第一，学科知识的收获，即知识有效。化学是一门知识点多又散的学科，如何让学生在有效的时间内有所收获，这是教师必须思考的问题。

第二，创新实践能力的提高，即能力培养有效。从教学功能上看，化学教学更加重视培养学生分析问题、解决问题的能力，引导他们运用分析、推理和概括等方法来认识问题的实质、掌握规律，完成从感性认识上升到理性认识的飞跃。在这个过程中，教师要培养学生的创新思维和创新能力。

通常认为，教学中的实验设计最有利于学生创新思维的培养和提高，可以挖掘学生的潜能。例如，化学习题中，常常涉及一些与实验相关的内容，如果学生用书面的方式解决，思维会有一定的局限性，如果教师有意识地为学生创设一种良好的探究情境，学生通过设计实验来解决问题，则有利于培养学生自身思维的发散能力，提高动手动脑的能力。

课堂教学是在固定时间、固定地点内针对固定学生进行的，有效教学不仅要看教学目标的达成度，做到“有效果”，还要“讲效率”，不能“投入多、产出少”，更要“讲效益”，教学不能只面对少数“学优生”，应尽最大努力不使任何一名学生掉队。只有这样，才是真正有效的教学。

在目前的化学课堂教学中，存在着许多令人担忧的地方。例如，教师普遍感到在规定的教学时数内无法完成规定的教学任务；学生对课堂教学的热情不高，课堂气氛不浓；高年级课堂上，教师“满堂灌”的现象普遍，学生的依赖性强；教师有相当一部分的教学时间是花在讲题上，但还是经常出现教师讲了很多遍，学生仍然听不懂，更谈不上运用等现象。

分析以上问题出现的原因，主要是教师的教学方法单调枯燥、缺乏情感；在教学过程中，灌输验证多、启发探讨少，指责压抑多、宽容引导少，包办限制多、激励创新少，尤其是对学生的学法指导是空泛、低质、缺乏策略的。这些原因都造成了学生无自主学习的意识、学习习惯差、学习能力不强，自然，学生的学习质量不高。在这样的教学方法下，学生最终获得的化学知识具有很强的记忆性色彩，在多变的真实情境中，常常不能有效迁移、灵活应用。鉴于此，开展有效课堂教学的研究是新课程改革赋予教师的第一要务。

影响教学有效性的因素是多方面的，社会的进步、校园的环境、家庭的生活状况等很多方面的影响不可忽视，有效教学的研究必须与时代发展同步；教师的教学观和教学技能、学生的学习态度与方法、教学资源的选择及利用等方面对教学有效性的影响更为直接，这些是一线教师关注的重点。

总之，有效教学主要是指通过教师在一段时间的教学之后，学生获得的具体进步或发展。教学是否有效，并不是指教师有没有完成教学内容或教学是否认真，而是指学生有没有学到知识或学生学得好不好。如果学生不想学或学了没有收获，即使教师教得很辛苦，也是无效的教学；同样，如果学生学得很辛苦，但没有得到应有的发展，也是无效或低效的教学。课堂教学的有效性是教师的永远追求，教师要在新课程的理念指导下，以学生发展为本，吸取传统教学的成功做法，转变教学模式，讲究方法策略，精心设计，用心调控教学过程，精讲导学、巧问诱思，把课堂的主动权交给学生，让学生发现问题、探索新知，这样，课堂也会变得活力四射。

（四）化学课堂教学评价标准与实施

1.化学课堂教学评价标准

制定新课程课堂教学评价的标准，可从下列几个方面来考虑：

（1）优质的课堂教学目标

优质的课堂教学目标是基础性目标与发展性目标的协调与统一。

基础性目标是教师按照新课程标准、教学内容的科学体系，进行有序的教学，完成知识、技能的教学；发展性目标包括“以培养学生学习能力为重点”的学习素质和“以情感为重点”的良好社会素质。课堂教学目标就是把知识、技能教学与能力、情感教学有机地结合起来。

值得强调的是，课堂教学的各项目标都应既有与认识活动相关的内容与价值，又有其相对独立的内容与价值。这些方面的综合，才构成学生学习的整体发展。当然，这不是一两节课能完成的，但必须通过每节课来实现，它渗透在课堂教学的全过程。因此，在确立课堂教学目标时，要注意两方面的关系与整合：一方面是知识体系的内在联系与多重关系，以求整合效应；另一方面是学生学习活动诸多方面的内在联系、相互协调和整体发展。只有这样，课堂教学中完整的教育才能成为可能。

（2）科学的课堂教学过程

科学的课堂教学过程是激励性、自主性和探究性课堂教学策略的有机统一。

新课程教学策略研究主要解决学生学习的三方面问题：一是学生“爱学”，即学习的能动性；二是“会学”，即学习的自主性；三是“善学”，即学习的创造性。由此推出课堂教学策略的三个体系，即激励性教学策略体系、自主性教学策略体系和探究性教学策略体系。

第一，激励性教学策略体系。教师需要让学生明确学习的重要价值。布鲁纳曾说："要使学生对一个学科感兴趣，最好办法是使他感到这个学科值得学习。"

首先，教师通过精心设计教学过程，优化导入设计，适当补充与学生生活相关联的教学材料，激发学生的学习兴趣。

其次，教师要正确运用肯定和奖励的评价方法。奖励具有促进的力量，能够让学生发现自己学习上的进步，不断获得学习预期的满足。同时，教师要采取适当的竞争方法，适度的竞争有助于激发学生学习的热情。

最后，建立互尊互爱、民主平等的师生关系。学校是满足学生需要的最主要的场所，学生到学校里学习和生活，主要需要自尊和归属。因此，教师要真诚地爱每一个学生，真正满足学生的最大需要，激发他们主动学习的热情和动力。

第二，自主性教学策略体系。教师要注意典型问题的设计、分析和解决，为学生的自主发展提供时间和空间。

首先，学生的学习形式要多样化。教师要努力提供丰富多样的教育资源，充分运用现代信息技术及其他技术、组织手段，让学生有可能利用各种学习方式，通过多种感知途径，在集体与个别学习中，在思辨、操作、争论和探究的过程中，实现自主学习。

其次，教师在教学中注重学法指导。教师的"教"应当着眼于学生的"学"，整个教学过程其实是一个"从教到学"的转化过程。在这个过程中，教师应当千方百计地创造条件，注重对学生的学法指导，传授学法，使学生能"自为研索，自求解决"。

然后，教师指导学生学会自由学习。自由学习即冲破教育框架的束缚，在开放的环境中，自主地选择学习目标、学习内容和学习方式。教学不能限于仅有的几本教材，教师要鼓励学生广泛涉猎、拓宽视野，学会收集所需的信息，摒除各种错误信息，从而养成良好的自学习惯。

最后，教师指导学生学会自我评价。人对事物的看法是由自己来调节的，学生要学会学习，必须学会自我评价，学会自我调节和监控。学生要学会分析学习过程、方法和效果，掌握学习策略，并运用学习策略主动地规划自己的学习任务，确定发展方向，选择学习方法。

第三，探究性教学策略体系。

首先，教师要指导学生大胆质疑，给学生发现问题、解决问题的机会，并以学生的问题作为教学的出发点。

其次，教师要引导学生对教学内容进行评议。鼓励学生发表不同意见和独创性的见解，这是培养学生探究能力和创新精神必要的方法。

最后，教师要组织学生进行研究性学习。研究性学习要求学生经常接触研究性质的作业，设计专题性课题，让学生在收集信息、处理信息和研究信息中发现真理、发展认知，提高研究能力。

（3）理想的课堂教学效果

理想的课堂教学效果是情绪状态、交往状态、目标达成状态的和谐统一。

“以学论教”是现代课堂教学评价的指导思想。这里的“学”，一是指学生能否学得轻松，学得自主，主要包括课堂教学的情绪状态和交往状态；二是指学生会不会学，主要是指课堂教学的思维状态和目标达成状态。这里的“论教”，主要是从课堂教学的四大状态（情绪状态、交往状态、思维状态、目标达成状态）来评价课堂教学效果。如果没有情绪状态和交往状态，容易形成课堂教学中的“泡沫现象”或“表面繁荣”，只有四大状态和谐统一，才可能产生理想的课堂教学效果。

新的课程评价理念要求教师在进行课堂教学评价时，一定要本着为师生发展服务的原则，既要关注教师的自身发展，又要对课堂教学做出较为准确的评价，才可能不断提高教师的教学水平，使教学改革沿着正确的方向发展。

好的课堂教学必须体现以主体教育思想为核心，适应学生终身学习与发展要求的现代教学观（包括现代教学的课程观、知识观、学生观和质量观）。

化学课堂教学设计的任务是开发课堂教学系统，优化课堂教学活动，提高教学效率和质量。新课程的实施是我国基础教育的一场深刻的变革，新的理念、新的教材、新的评价体系强烈冲击着现有的基础教育体系。其中，课堂教学又是课程改革的“主阵地”，课堂教学设计是课堂教学准备的中心环节。课堂教学设计能力是教师教学能力的主要表现，也是教师体现自身教学特色和风格的重要途径。

2.化学课堂教学评价的实施

虽然我国化学教育界关于化学课堂教学评价，还没有形成一个公认的指标体系，但这方面的研究和探索很活跃，多年来，化学教育界的广大科研工作者和教师进行了大量卓有成效的工作，取得了很大的成就。但目前采用的评价指标，大多是教学目标、教学内容、教学手段、教学结构、教学状态和教学效果等各学科通用的一般评价指标体系，缺乏化学学科特色，也没有根据不同评课目的、不同教学内容去分类设计评课指标体系。因此，有必要分类建立化学教师课堂教学评价指标体系，如化学合格课质量评价量表、化学优质课质量评价量表、化学典范课质量评价量表、化学检查课质量评价量表、基本概念课教学评价量表、基本理论课教学评价量表等。表 4-1 为化学基本概念课教学评价量表示例。

表 4-1 化学基本概念课教学评价量表

评价等级		赋值
一级指标	二级指标	
概念讲授的准确性	概念叙述的准确性	7
	关键词解释的清楚性	8
	概念外延的明确性	7
概念实质的突出性	概念内涵的明确性	8
	细枝末节的注意性	6
	变式练习的针对性	7
易混概念的区分性	不同概念的对比性	5
	概念之间的联系性	5
概念形成的直观性	典型实验的利用性	5
	实验现象的显著性	5
	教学思维的逻辑性	5
概念形成的发展性	旧概念引申的准确性	5
	概念网络系统编织的严密性	6
	发展后概念的注意性	5
能力培养的有效性	观察能力培养的明显性	5
	逻辑思维能力培养的系统性	6
	运用知识能力培养的有效性	5
总分	100	
简要评语	—	

第三节 化学教师专业发展的方向和途径

改革和发展是教育的永恒主题，基础教育课程改革将教师的专业发展问题提到了前所未有的高度。为化学教师创造性地进行教学和研究提供更多的机会，在课程改革的实践中引导教师不断反思，促进教师的专业发展，是新课程背景下化学教师专业发展的新要求。

一、化学教师专业发展的主要阶段

教师专业化是指教师的职业具有自己独特的职业要求和职业条件，有专门的培养制度和管理制度。教师专业化的基本含义包括以下内容：

第一，教师专业化既包括学科专业性，又包括教育专业性，国家对教师任职条件既有规定的学历标准，又有必要的教育知识、教育能力和职业道德要求。

第二，国家有教师接受教育的专门机构、专门内容和措施。

第三，国家有对教师资格和教师教育机构的认定制度和管理制度。

第四，教师专业发展是一个持续不断的过程，教师专业化也是一个发展的概念，既是一种状态，又是一个不断深化的过程。

教师专业发展可以理解为教师的专业成长和教师内在专业结构不断更新、演进和丰富的过程，是教师由非专业人员成为专业人员的过程。这个过程是一个终身的、整体的、全面的、内在而持续的循环过程。与强调教师群体的、外在的、专业性提高的教师专业化相比，教师专业发展更强调教师个体的、内在的专业性提升，是教师个体的被动专业化转向强调教师个体的主动专业发展的真实体现。具体来说，化学教师的专业发展有以下几个主要阶段：

（一）“非关注”阶段

“非关注”阶段指进入正式的教师教育之前的阶段。尽管历来选择成为教师的人在这阶段很难有从教意向，更没有专业发展的意识，但这一阶段对后来从教的影响却不容忽视。因生活经历所养成的良好品格，是教师成长中重要的生活基础。

（二）“虚拟关注”阶段

“虚拟关注”阶段指的是师范学习阶段中，师范生的发展状况。因为这时的师范生所接触的学校教育实际上带有某种虚拟性，这种虚拟性的主要问题是：师范教育没有形成教师专业发展的特殊环境，师范生的自我发展意识淡薄。

（三）“生存关注”阶段

“生存关注”阶段指的是初任教师阶段，教师在此阶段中有着强烈的专业发展忧患意识，他们特别关注专业发展结构中的最低要求，即专业活动的“生存技能”。

这个阶段的教师急于找到维持最基本教学的知识和能力，他们努力控制课堂纪律、激发学生学习动机、处理学生个别差异、评价学生作业、与家长建立联系。在处理这些问题时，他们又感到缺乏基本的教师专业知识和基本的教学能力，他们需要求助于有经验的教师，在教学实践中进一步补充这些知识。

（四）“任务关注”阶段

“任务关注”阶段指的是教师专业结构诸方面稳定、持续发展的时期，教师由关注自我生存转到更多地关注教学上来，以便更好地完成教学任务，获得良好的外在评价和职称、职位的晋升。

（五）“自我更新关注”阶段

在“自我更新关注”阶段，教师不再受外部评价或职业升迁的牵制，而是直接以专业发展为指向。教师有意识地自我规划，以谋求最大程度的自我发展，这些已成为教师日常专业活动的一部分。

这个时期的教师更加关注课堂内部的活动及其实效，关注学生是否真的在学习，教师能够对问题予以整体、全面的关注。在这一时期，教师的特征是自信和从容。

“自我更新关注”阶段的教师，在学生观上的一个重要转变是认识到学生是学习的主人。教师除了要让学生理解所教的内容之外，还鼓励学生自己去发现、构建“意义”。教学不仅限于帮助学生学习知识，而且要在师生互动过程中使学生获得多方面的发展。教师知识结构发展的重点转到了学科教学法的应用上，不再把专业学科知识作为重点。

实际上，对教师专业发展阶段的研究，是为了剖析不同阶段专业发展的特征，揭示不同阶段专业发展的不同需求，从而有针对性地完善教师专业结构，提升教师专业素养。可以说，教师专业发展以专业结构的完善和专业素养的提升为归宿，这既指明了教师专业发展的目的，又指出了教师专业发展的内容。发展是有方向性的，它指向进步，注重从不完善到完善、从不成熟到成熟、从低水平到高水平演进的过程。因此，教师专业发展的概念也蕴含着这一过程，体现出教师不断成长的趋势。

二、化学教师专业发展的主要方向

自 20 世纪 80 年代以来，教师的专业发展成为教师专业化的方向和主题。教师专业发展以“丰富教师专业结构，提升教师专业素养”为宗旨。教师专业标准的内涵是开放的、不断变化的，是动态发展的。随着教育体制的不断发展，教师专业标准由低层次向高层次发展。这个过程既是阶段性的，又是永无止境的，其阶段性是同教育改革所处的现实社会情境相对应的；其发展的永无止境指的是发展只有起点，没有终点，这是同教育改革发展的无止境相联系的。教师必须不断提高自己的能力素养，以适应社会变化的要求。教师专业发展具有强烈的时代性，它本身就是对传统教育的超越、扬弃、更新和创造。

新课程由学习领域、科目、模块三个层次构成，打破了过去单一的学科设置模式，而是围绕一定的主题，并通过整合学生的经验及相关内容而形成的。新课程改革带来的全新的教育理念、课程内容、教学方式和教育评价方式等，对教师的知识结构、思维方式、教学能力等方面提出更高的要求。具体说来，化学教师专业发展的方向主要包括以下几个方面：

（一）知识结构趋向于综合化

我国的教师教育一直重视教师对专业知识的掌握情况，但是新课程对教师提出了新的要求，合理的知识结构、较高的科学文化素质是化学教师必备的学术要求。这不仅要求教师有系统的、深厚的专业基础知识，而且要求教师在对知识价值的理解上，超越学科的局限，从宽阔的社会背景中去认识化学。

新课程要求教师要学会探究教学，因此教师要了解有关的科学哲学知识。教师掌握的关于科学探究和科学内容的知识越多，就越能成为有效的探究者，也就越能胜任探究性教学。

综合化的知识结构具有创新功能，是一个不断建构、不断发展的过程，教师要时刻关注化学学科的学术发展动态，注意知识的更新和发展，树立终身学习的意识。

（二）教学方式转变为合作互动式

在传统教学中，教师基本上都是以传授教材上的知识为教学目的，很少顾及学生自身的兴趣需求与年龄特征，普遍采取直线式的教学方式传授学科知识，导致学生形成死记硬背、机械记忆、被动接受的学习方式，这不利于学生的发展。

新课程提出一切以学生发展为本，让学生成为课堂学习的主体，教师应该尊重学生的精神世界和人格尊严，变传统的单向传授方式为合作互动式的教学方式。教师不再是课堂的权威与决定者，而是学生学习的辅助者，教师能够针对学生的个性特点，真正让课堂焕发生命力，激发学生的智慧潜能。

（三）教师角色体现出多重性

长期以来，教师的角色定位为教书匠，只需要单纯地向学生传递知识。在新课程中，教师需要承担的角色是多样化的，必须重新定位自己的角色，自如地转变角色。

第一，教师在新课程中应成为学生学习的促进者。

教师不要以知识传授者和课堂主宰者自居，要时刻考虑学生在学习和成长过程中可能遇到的问题，给予学生及时的指导，帮助学生在知、情、意、行等方面获得全面的发展，成为学生学习的激发者和促进者。此外，教师还应关注对学生心理健康和优良品德的教育，培养学生形成科学的情感态度与价值观。

第二，教师在新课程中应成为教学实践的研究者。

教学具有很强的实践性和情境性，而新课程蕴含的新理念、新方法，以及实施过程中遇到的新问题，都需要教师以研究者的心态置身于教学实践之中，以研究者的眼光审视和分析问题，反思自身的行为，探究教学实践。

第三，教师在新课程中应成为课程的开发者。

新课程倡导民主、开放、科学的课程理念，同时确立了国家课程、地方课程、校本课程三级课程管理政策，并强调提升教师的课程意识，倡导让教师成为学校课程的管理者、决策者，发挥主导作用，参与课程开发与管理过程，使教师有更多的机会进行不同程度的课程试验，参与完整的课程开发过程，从而改变教师只是既定课程执行者的角色。这些都需要教师强化课程开发者的角色意识，利用课程资源，开发与设计校本课程。

三、化学教师专业发展的主要途径

教师在教学活动中起主导作用，是保证课程实施的关键。因此，研究和解决教师专业发展的途径，是一个具有现实意义和操作价值的问题。化学教师在教学实践中的自我反思和开展校本课程等，都是促进其专业发展的有效途径。

（一）开展教学反思

实践证明，反思对教师的成长具有显著的促进作用，是教师专业发展的必由之路。教学反思要求教师在教学中，把自己的教学实践作为研究、总结、反思并长期坚持的自觉活动，使自己在自我调整、自我控制、自我完善的过程中不断得到发展和提高。化学教师的自我反思内容一般包括：教学设计是否具备系统性，学生起点水平与教学起点是否匹配，教学内容是否满足学生的需求，教学策略是否有助于教学目标的达成，教学内容的呈现方式是否恰当，师生、生生的课堂交流是否有效，学生是否积极主动地参与到学习活动中，学生在学习中出现哪些困难，等等。

1.教学反思的过程

教学反思的过程一般包括四个阶段。

（1）确定所要关注的内容

化学教师通过对实际教学的感受，意识到自己的教学中可能存在某些问题，进一步收集关于这一问题的资料，初步明确其性质和结构。其中，要特别关注学生的表现，教师只有通过学生的表现，才能发现自己的教学策略是否有效、教学内容的深度和广度是否得当等。

（2）观察与分析

化学教师对有关的资料进行认真观察和分析，特别是以批判的眼光反思自己的教学活动，包括自己的教学理念、教学行为和教学态度等。教师可利用自我提问的方法，来促进自己对问题的认识和理解。然后，教师会在已有的经验中搜寻与当前问题相似或相关的信息，也可通过查阅资料、请教他人，找出问题的症结所在。

（3）建立理论假设，解释情境

在知道问题的成因之后，化学教师重新审视自己的教学行为，积极寻找新的教学理论和策略来解决面临的问题，并对可能产生的效果加以考虑，形成新的、有创造性的解决方法。在这一阶段，教师需要进一步获取解决问题的信息，这种信息可以来自专门研究领域，也可以来自实践领域。

（4）实际验证

考虑过每种理论假设和教学策略的效果后，化学教师就开始实施行动计划。通过实际尝试或角色扮演，教师检验所提出的理论假设和教学策略。在检验过程中，教师要根据教学实际对理论假设进行修订，确定教学的效果，并形成有关的理论。

2.教学反思的方法

教师进行反思的具体方法是多种多样的。目前，学术界认为效果较好的方法主要有以下几种：

（1）写教学日志

在一节新课上完之后，化学教师要将自己的经验和心得、课堂上出现的问题写下来，与同事共同分析、讨论，提出解决的办法，整理完善后附在教案的后面。教学日志无疑会给教师提供一个很好的反思空间，这有助于教师通过联系自己的教学经验内化新的信息，形成个人的实践知识。

（2）专题研究

化学教师将教学中遇到的问题归结为几个不同的专题，邀请专家出席座谈会，集思广益，共同商定解决问题的办法。

（3）再现反省

再现反省是目前采用的一种比较先进的反思方法。学校在教室中安装录像设备，将化学教师的课堂教学情况实录下来，供教师自己评析教学使用，或供专家结合课堂情况对教师进行针对性的指导使用。

（4）同伴观察

化学教师可以邀请同事来到课堂，观察自己的教学思路与教学过程，让同事发现自己教学中的问题，这样可以发现反思（自评）与他评之间存在的差距，以进一步提高自己的教学质量。采用这种反思策略时，化学教师要精心挑选来观察教学的同事，一般应选择对自己的教学领域非常熟悉，且具有帮助自己改进教学实践经历的同事。确定了观察者后，教师应把自己在教学中遇到的困惑简单地告诉对方，并考虑给对方一份观察指南。

化学教师在反思时，要根据自身所要解决的具体问题、自身的情况和学校的实际教学条件，选择恰当的反思方法，切不可盲目进行，否则，不仅无益于教学的改进，可能还会适得其反。

（二）开展化学校本课程

校本课程，即以学校为本位，由学校自己确定的课程，它与国家课程、地方课程相对应。所谓校本，即“为了学校”“在学校中”“基于学校”。校本课程开发有广义和狭义之分。广义的校本课程开发是指以校为本，基于学校的实际状况，为了学校的整体发展，由学校自主开展的课程开发活动，它是对学校课程的整体改造，能够体现学校的价值追求和教育思想；狭义的校本课程开发则特指在国家基础教育课程计划中预留出来的，允许学校自主开发的，在整个课程计划中占10%～25%的课程。

1.化学校本课程的编制

教师专业发展的一个重要条件就是享有专业的自主权。校本课程开发给教师“松绑”，让教师自主决策，这无疑为教师的专业发展提供了广阔的空间。另外，校本课程开发是一个由各方面人士参加的合作和探究的过程。在这样的过程中，教师能够在课程专家及其他相关人员的指导和帮助下，反思自己在教学中遇到的问题，并找到解决问题的答案。这样的探究和合作十分有利于培养教师的专业精神，提升教师的专业技能。因此，紧密联系学校的实际，使化学教师参与到化学校本课程的编制中，也是促使化学教师可持续发展的重要途径之一。

（1）丰富化学教师的教学理念

化学校本课程开发的实践，给化学教师带来一系列新的观念。

第一，以学生发展为本。

校本课程的“以校为本”，真正意义上指的是以学生发展为本。学校是为学生而存在的，课程是为学生而开设的，教师所做的一切归根到底是为了促进学生最大程度的发展。化学校本课程开发本身是以学生为本，所以参与化学校本课程开发有利于化学教师形成以学生发展为本的理念。

第二，向专家型教师转型。

化学校本课程开发有利于化学教师发挥创造潜能，使其体验成功的喜悦，不满足于做一个消极、被动的教书匠。学校开发校本课程，从教育实践入手，进行有效的教学研究，可以强化教师的反思意识，使化学教师逐步拥有教学研究的态度和能力，并提升教师的教学实践性知识，促使化学教师从教书匠积极、主动地走向专家型教师。

第三，发展合作精神。

化学校本课程开发是一个系统工程，要求课程专家、校长、教师、学生、家长等广泛参与，要求教师与教师、教师与课程开发的其他参与人员密切合作。

第四，建立新型师生关系。

化学校本课程开发扩大了信息来源，化学教师不再是知识的权威，而要允许学生提出不同意见，甚至是反对意见。化学校本课程开发改变了学生原有的学习方式，使探究性学习成为主流，有利于学生自身知识的拓展、能力的形成、个性的张扬，也有利于构建和谐平等、共同探究的师生关系。

（2）增强化学教师的课程意识

化学校本课程开发要求化学教师具备课程意识，并不断强化这一意识。

第一，教师要认识到课程是开放的。

从课程的推进角度来看，它不仅仅是像教材一样的成品或产物，它还具有生成性或持续性的变化。有学者将校本课程理解为“教师理解的课程”或“教师实施的课程”。

第二，教师要认识到课程是民主的。

从课程权力的角度来看，课程由一个共同体，如课程专家、学科专家、心理学家、社会学家、社会人士、教师、学生代表、家长代表、专业协会、行会或利益集团等共同决定。

第三，教师要认识到课程是科学的。

课程的设计不能从成人的眼光出发，课程必须回归学生世界，而且课程要适应不同学生的发展需要，使不同层次的学生都能获得成功感。同时，课程的开发是需要技术的，要遵循制定课程目标、组织课程内容、实施与评价课程的操作程序。

（3）完善化学教师的知识结构

化学教师参与化学校本课程开发，能够对自身知识结构进行重组，以构建一个合理的知识结构，化学教师也会由此获得深层次成长的机会，促进专业的发展。

第一，教师的本体性知识。

教师的本体性知识，即学科性知识，指的是教师所具有的特定的学科知识，如化学知识、物理知识、生物知识等。化学教师的本体性知识是化学教师进行化学校本课程开发的必要条件。但值得注意的是，具备丰富的化学知识并不是成为优秀化学教师的唯一条件，当化学教师的本体性知识达到一定水平后，它就不再是影响教学的显著因素。

第二，教师的条件性知识。

教师的条件性知识，即教师所具有的教育学、心理学方面的知识。这种知识一般是动态性的，需要教师在教育教学过程中逐渐了解和习得，动态性地去把握和领会。化学教师在参与化学校本课程开发时，为了使自己的工作更有成效，化学教师除了应具备一般的教育专业知识，如教材内容知识、教材教法知识、学科课程知识之外，还要认真学习一些课程理论，阅读大量的资料，以完善自己的知识结构，用科学的理论指导自己的工作实践。

第三，教师的实践性知识。

教师的实践性知识，即教师在面临实际的课堂情境时所具有的课堂背景知识，以及与之相关的知识。它主要来自教师的教学实践，是教师教学经验的累积。实践性知识对教师的专业发展具有决定性作用。化学教师在化学校本课程的开发中，通过理论学习和实际运作，把所学知识与教育实践有效地结合起来，自觉地从自己的教学实践中提出问题、分析问题，由此获得更多的实践性知识。

（4）提高化学教师的各项能力

第一，课程能力。

化学校本课程开发要求化学教师确定课程目标和课程内容，负责课程实施和课程评估，而不仅仅是实施课程，从而促进化学教师课程能力的全面提高。编制化学课程是一个创造的过程，化学教师通过分析学生需求、学校环境和自身能力三个方面来确定化学课程目标；确定化学课程内容是化学教师对化学课程内容进行选择，并加以组织的过程；在化学课程实施中，化学教师将静止的书面材料转化为具体的教学内容，最终使它们成为学生的经验。化学校本课程是基于学校实际而开发的，因而化学教师必须根据实际情况制定评价方案，并实施评价。

第二，教学能力。

化学教师参与课程开发，是站在整个化学课程结构的高度，对化学学科有一个全面的、整体的认识，从而提高自己驾驭课程的能力。化学校本课程开发使化学教师能够在课程专家及其他相关人员的指导和帮助下，反思自己在教学中遇到的问题，并找到问题的答案。这样的探究和合作显然十分有利于化学教师培养专业精神，提升专业技能。此外，化学校本课程开发强调以学生为本，因而化学教师在进行教学设计时，会更多地考虑学生的现实情况，争取取得最佳教学效果。

第三，研究能力。

化学校本课程开发本身就是一个化学教师参与科研的过程，它要求化学教师承担起研究者的任务，这对于提高化学教师研究能力大有裨益。在化学校本课程开发中，化学教师不仅要研究学校、学生、自己，还要研究课程制度、课程理论、课程开发方法等；不仅要研究问题的解决方法，还要研究交往、协调的方法等。化学校本课程开发强调化学教师的行动研究，要求化学教师思考和评定在一个教室或学校中正在发生什么，进而追问和思考“对此我能做些什么？”“这个问题对我和我的学生重要吗？”“探究这个领域有什么机会？”“现在的工作环境有什么限制？”等问题。在这种不断追问和思考中，化学教师的研究能力将会逐步得到提高。

2.化学校本课程目标的确定

确定化学课程目标，不仅有助于明确化学校本课程与教育目的、化学课程的关系，明确化学课程编制工作的方向，而且有助于化学校本课程内容的选择和组织。

校本课程的重要特点之一就是自主性。化学校本课程开发者可以充分、合理地利用校内外的课程资源，充分发挥学校图书室、实验室、网络教室及社区的教育功能。根据本地、本校的实际需要，确定化学校本课程的目标、内容、组织形式和评价方式，形成具有本校特色的化学课程体系。

课程目标可以采取多种方式来陈述，陈述的结果应该明确，避免过于宽泛和笼统。化学校本课程的总体目标是通过化学校本课程的实施，激发学生学习化学的兴趣，丰富学生的化学知识，加深学生对化学与生活的认识，提高学生搜集、提炼、处理信息的能力与获取新知识的能力，让学生学会用化学知识分析和解决生活中的实际问题，提高学生的科学素养，培养学生的交流与合作精神。

化学校本课程目标的确定为化学教师提供了明确的教学方向。化学教师需要围绕这些目标来规划教学内容、设计教学活动和评估学生学习成果。这种明确性有助于化学教师更好地组织化学教学，提高教学效果。同时，当化学教师明确了化学校本课程的目标，他们会更加清晰地认识到自己在教学中的责任和使命。这种责任感会激励教师更加努力地投入到化学教学中，不断提升自己的教学水平和能力。

3.化学校本课程内容的选择与组织

（1）化学校本课程内容的选择

化学校本课程内容，一方面源于人们对化学学科进行的系统研究，另一方面源于高速发展的社会生活。化学课程内容的选择可依照以下原则来展开：

第一，实用性原则。

化学校本课程内容符合当今社会的现实需求，如绿色化学、资源的综合利用、食品添加剂的危害等。化学教师应选择有助于学生解决目前问题和未来问题的课程内容，选择具有应用价值的知识，如居室污染与健康、药品与健康等。

第二，时效性原则。

与化学相关的知识数量巨大，化学教师应当在可能的范围内挑选出有代表性的内容作为学生的学习资料。学校担负着使学生有效参与社会建设和社会生活的重任，学生在校期间所学的知识和技能必须着眼于学生的未来发展。例如，化学与环境、化学与新材料、化学与健康、化学与能源等问题都非常重要，可以作为化学校本课程的内容。

第三，趣味性原则。

化学课程内容的开发应注意学生在生活和学习中的体验和经验，注意照顾学生不同年龄段的生理和心理特点，语言的表述应幽默诙谐，事例的选择应生动有趣，教材的内容应丰富多彩。教材内容的趣味性还应体现在活动性、可识性和探究性等方面，要使学生对教材学有所思、学有所悟、学有所获。

化学校本课程应该选择学生能够理解的、力所能及的内容，这些内容要与学生已有的知识水平有所关联，不能过于生疏或艰深。

第四，拓展性原则。

化学课程内容的开发一定要注意学生知识的积累和运用，应在学生已掌握知识的基础上加以扩展或延伸。例如，教师在课内讲授中提及的但又无详细资料的知识、一些生活小常识、一些小试验、日常所见而又未加深究的现象等，都可以成为拓展化学校本课程开发的原始资料。特别是面对一些科学性、规律性的化学知识时，教师可以在化学校本课程中采取由浅入深、由点到面、循序渐进的方法，进行层进式的拓展，培养学生良好的探究习惯，增强学生探究和创新的意识，并以此培养学生拓展和运用所学知识的能力。

总之，在选择化学校本课程内容时，化学教师需要关注化学学科的前沿动态、社会热点及学生实际需求。这一过程促使教师不断学习新知识、新技术和新方法，从而拓宽自己的知识面，提升专业素养。同时，化学校本课程内容选择需要化学教师对课程进行深入的研究和分析，以确定哪些内容适合本校学生、哪些内容能够激发学生的学习兴趣。这一过程增强了化学教师的课程研究能力，使化学教师更加熟悉课程开发的流程和方法。

（2）化学校本课程内容的组织

第一，确定选材范围。

化学校本课程选材范围应立足身边的课程资源，以学生熟悉和感兴趣的题材为基本出发点，这样，学生就会有足够的热情去完成学习任务。例如，教师可以以“化学与生活”为主题，介绍化学在生活中的应用，围绕化学与生活的关系组织教学活动，引导学生发现和探索生活中常见的化学知识，激发学生学习化学的兴趣，提高学生利用化学知识驾驭生活的能力；教师还可以组织研究人体中的化学元素的专题活动，将其作为化学校本课程内容，目的是让学生了解各种化学元素在人体内的功能，正确认识市场上各种保健品和药品的宣传，学会如何根据自己的需要选择适合的产品，保护自己的身体健康；教师也可以组织研究日常饮食与健康的专题活动，将其作为化学校本课程内容，让学生知道饮食中的营养物质有哪些，如何搭配日常饮食和构建合理的膳食结构，养成良好的饮食习惯。此外，常用药品与化学、日常材料与化学、环境与化学等都可以作为化学校本课程内容。这些都是学生身边的化学知识，是平时学生经常接触但又容易忽视的化学知识，也是学生感兴趣的知识，具备研究的基本条件。

第二，拟定课程提纲。

课程提纲是课题研究的指导性框架，是课程实施的依据。拟定课程提纲是化学课程内容组织中重要的步骤。以“化学与生活”为主题的校本课程为例，可以列出多个专题，每一个专题又分成几个小专题，如“元素与人体健康”专题可以细分为钙元素与人体健康、铁元素与人体健康、锌元素与人体健康等诸多小专题；“化学与饮食健康”专题可以细分为化学与食品营养、化学与饮料、化学与调味品、化学与食品添加剂等诸多小专题，甚至可以具体到日常生活中的某一种物品，深入挖掘其化学知识。

第三，设计内容的呈现方式。

在体例上，化学校本课程的编排不必追求知识体系的严密性，但要体现其灵活性和趣味性。在编制化学校本课程时，要充分考虑学生的知识基础、本地的资源条件、学校的实验条件和必要的资料等。可以采用“呈现材料—提出问题—专题研究—专题小结”的形式来编制化学校本课程。在化学校本课程实施的过程中，教师和学生可以根据实际情况在课程范围内选择或者增减内容，不要拘泥于化学教材知识。

校本课程内容的组织还涉及教学设计的各个方面，如教学目标的设定、教学方法的选择、教学资源的利用等。化学教师需要综合考虑这些因素，设计出符合学生实际需求和学科特点的教学方案。这一过程提高了化学教师的教学设计能力，使自己更加擅长将理论知识转化为教学实践。在组织课程内容的过程中，化学教师还需要不断反思自己的教学实践和教学效果，以发现存在的问题和不足，并寻求改进的方法。这种反思性的教学实践有助于化学教师不断总结经验教训，提升自己的教学水平和能力。

4.开设化学校本课程的基本要求

（1）化学校本课程开发应有目的性

开发校本课程就是要完善或补充国家课程教材中缺乏或省略的学习素材，以达到培养学生综合能力的目的。化学校本课程在开发过程中要充分整合学校领导、教师、学生、家长，以及专家学者的建议和意见，重视信息反馈，体现国家对不同阶段学生在知识与技能、过程与方法、情感态度与价值观等方面的基本要求，使学生具有适应终身学习的基础知识、基本技能和方法，具有健壮的体魄和良好的心理素质，成为有理想、有道德、有文化、有纪律的一代新人。开发化学校本课程，只有做到目标明确、内容充实、逻辑清楚、事例典型、贴近生活，才能满足学生需求，适应学校发展，才会取得良好的效果。

（2）化学校本课程开发应有实用性

化学校本课程的开发要有实用价值，要利于学校自身的发展。课程内容要充实具体，无论是教材知识的拓展延伸，还是课外知识的补充完善；无论是对学生进行科学技术教育，还是对学生进行知识技能的培养，都应该有具体的内容、生动的事例，而不应只是化学知识的堆砌、专业名词的阐释，更不应东拼西凑，形成方块字的组合。化学校本课程必须重在实用，重在选择有利于学生终身必备的基础知识和技能方面的材料，使学生能学以致用，学以提高。

化学校本课程开发在方式方法上，不能一味地求奇、求新、求异，关键是实用和有效。实用，就是要有针对性、可操作性，能具体落实，不增加师生的负担；有效，就是能使学生得到最大程度的发展，能使教师个人得到锻炼，获得专业发展，能促进学校教育质量的整体提高。

（3）化学校本课程开发应有可操作性

化学课程内容的设计和编排必须符合学校的实际和学生的需求。课程内容应便于教师的“教”、学生的“学”。一些晦涩难懂的，不常见的、不常用的，无助于培养学生化学素养的内容，不应选作课程内容；一些不利于学生操作，学校无法实施的活动材料，不应纳入课程内容；一些中长期才能见效，不安全或不便于学生探究的专题或活动，也没有必要在课程内容中设置。

因此，在化学校本课程开发的过程中，一定要注意可操作性。否则，即使课程开发出来，对学校和师生也没有什么用处。

化学校本课程的开发不是一种短期的个人计划，而是一种长期的集体设计。校本课程只有在开发过程中，注重其中体现出来的基本特性，经过教师不断实践、不断总结，才能真正体现出校本课程的“本校”特色。

（4）化学校本课程开发应有独特性

学生差异性、独特性，是校本课程开发的根本出发点。如果说国家课程和地方课程是全体和部分学生必须学习的基本内容，那么，校本课程则是为满足学校学生发展之需的基本资源。不同学校学生的发展需求具有差异性、多样性和独特性，而校本课程要满足的就是这种差异性和独特性的需求，促进学生个性化发展。因此，化学校本课程开发必须基于本校学生差异性、独特性的需要，否则，它就失去了存在的价值和意义。

（5）化学校本课程开发应有前瞻性

校本课程一定要体现出可持续性，应在把握时代特点和现代教学观念的基础上，确定课程开发的目的和内容。因此，无论是在化学校本课程的目标、体例等的确定上，还是在内容的设计上，都应体现出超前意识。随着时代的发展，学科的相互交叉和渗透越来越明显，边缘学科的快速发展会给化学校本课程的开发注入新鲜活力。因此，化学校本课程的开发一定要不断淘汰陈旧的知识，发掘新鲜的，且与科学、技术、社会发展相适应的新观念和新知识，以满足学生的需求、促进学校的发展。

随着教育改革的不断深入和学科知识的不断更新，教师需要不断学习和适应新的教育形势和学科要求。化学校本课程的开设为教师提供了一个持续学习和发展的平台，促使其不断更新知识结构、提升教学技能。

参 考 文 献

[1]刘青松.新时代的校本课程建设[M].重庆：西南大学出版社，2021.

[2]魏壮伟.促进职前化学教师学科教学知识发展的课程开发研究[M].武汉：武汉大学出版社，2022.

[3]姜建文.化学教学论与案例[M].北京：化学工业出版社，2021.

[4]吴敏.化学观念教育[M].上海：上海教育出版社，2020.

[5]王磊，李川，胡久华.核心素养导向的化学教学实践与探索[M].北京：北京师范大学出版社，2018.

[6]张世勇，李勋.化学教育研究方法与案例[M].北京：中国石化出版社，2020.

[7]刘翠.让德育之花在化学教育中绽放[M].青岛：中国海洋大学出版社，2019.

[8]乔亏，汪家军，付荣.高校化学实验室安全教育手册[M].青岛：中国海洋大学出版社，2018.

[9]赵辉.人本主义的教育理念及在高校教学管理中的应用研究[M].北京：首都师范大学出版社，2016.

[10]黄梅.化学教育研究方法[M].北京：科学出版社，2018.

[11]林雪，张艳尊，李明福.中学化学教学与素质教育[M].西安：世界图书出版西安有限公司，2017.

[12]郑光黔.高中化学教学方法与实践[M].长春：吉林人民出版社，2020.

[13]王云生.化学教学设计构思 22 例[M].上海：上海教育出版社，2019.

[14]江合佩.走向真实情境的化学教学研究[M].福州：福建教育出版社，

2020.

[15]吴晓红.化学教学论实验[M].北京：冶金工业出版社，2018.

[16]熊言林.化学教学实验研究[M].芜湖：安徽师范大学出版社，2016.

[17]高文，徐斌艳，吴刚.建构主义教育研究[M].北京：教育科学出版社，2008.

[18]张贤金，叶燕珠，汪阿恋，等.教师培训中的化学教育研究[M].厦门：厦门大学出版社，2016.

[19]闫蒙钢.化学教育科学研究方法[M].芜湖：安徽师范大学出版社，2015.